火灾事故调查实践指南

刘永吉　石少杰　姜　平　著

哈尔滨出版社
HARBIN PUBLISHING HOUSE

图书在版编目（CIP）数据

火灾事故调查实践指南 / 刘永吉, 石少杰, 姜平著.
-- 哈尔滨 : 哈尔滨出版社, 2022.11
　　ISBN 978-7-5484-6870-7

　　Ⅰ.①火… Ⅱ.①刘… ②石… ③姜… Ⅲ.①火灾事
故 - 调查 - 指南 Ⅳ.①X928.7-62

中国版本图书馆CIP数据核字(2022)第206590号

书　　名：**火灾事故调查实践指南**
HUOZAI SHIGU DIAOCHA SHIJIAN ZHINAN

作　　者：刘永吉　石少杰　姜　平　著
责任编辑：韩金华
封面设计：舒小波

出版发行：哈尔滨出版社（Harbin Publishing House）
社　　址：哈尔滨市香坊区泰山路82-9号　　邮编：150090
经　　销：全国新华书店
印　　刷：北京宝莲鸿图科技有限公司
网　　址：www.hrbcbs.com
E-m a i l：hrbcbs@yeah.net
编辑版权热线：（0451）87900271　87900272
销售热线：（0451）87900201　87900203

开　　本：787mm×1092mm　1/16　印张：10.5　字数：240千字
版　　次：2022年11月第1版
印　　次：2022年11月第1次印刷
书　　号：ISBN 978-7-5484-6870-7
定　　价：68.00元

凡购本社图书发现印装错误，请与本社印制部联系调换。
服务热线：（0451）87900279

前言／PREFACE

2020年11月19日应急管理部消防救援局下发的《关于改进消防监管强化火灾防范工作的意见》中对火灾调查提出了"加强火灾延伸调查、深入分析火灾事故教训、推进火灾调查大数据建设"的要求，火灾调查不再是要调查清楚火灾原因的概念了。面对新形势，未来我们还有很长的路要走。

按照《中华人民共和国消防法》"预防为主、防消结合"的工作方针，消防监督执法和灭火救援一直都是消防救援队伍的主业，火灾调查工作而火灾调查工作是副业。在很多人眼里，火灾调查工作只是事后管理，是进入处罚程序后的一个环节而已，并不被重视。属地党委政府也只关心火灾原因，对火灾事故延伸调查的处理习惯于大事化小、小事化了，更无从谈起吸取教训、举一反三，推动整改了。

内部火灾事故调查工作不被重视，是因为火灾调查的现场工作环境往往是恶劣的，工作艰苦而又繁琐，还常常伴随着质疑，得不到人民群众的理解，所以从事火调工作的基层一线人员会产生应付差事、草草了事的思想。外部对火灾调查工作不重视，是因为对火灾事故调查工作的认识不足，火灾调查是实践性工作，实践是检验真理的标准，是推动真理发展的动力，换句话说，火调工作是防火理论完善的基础，而防火理论是火灾预防的基础。当前，我们国家每部消防法律法规的颁布实施，都是源于在火灾事故调查过程中总结的教训和经验。

火灾事故调查工作是一个系统性、技术性较强的作业，需要大量的人员参与其中，而工作人员的工作态度、责任心、业务素质水平都将直接影响调查质量，有些火调人员工作态度不端正，对火灾现场清理也不够认真，从而造成了火灾原因不明，火灾事故调查整体效果欠缺，无法对火灾责任方进行有力追责。现场勘验本身就具有一次性，尤其是动态勘验对现场具有巨大的破坏性，第一次全面的动态勘验格外重要，若工作人员专业水平不高，责任心不强，对关键证据收集不充分，很有可能导致调查结论的偏颇。同时火灾事故调查质量不高，必然导致火灾原因认定复核多、质疑多，无形中耗费了大量的精力和人力，也降低了消防部门的公信力。各类火灾事故中，火灾调查是非常关键的，特别是在火灾中对物证的寻找一直是调查的难题，有些物证还会在取证时损坏，不能达到证明的目的，这些物证的保存与利用，一直困扰着火灾调查人员。《火灾事故调查实践指南》主要介绍火灾事故的调查方法，重点对各种火灾事故中物证损坏的原因进行分析，通过对原因的查找，提出相关的防范措施与方法，以此提高火灾调查人员的业务水平与能力，拓展火灾调查工作的进步空间，为火灾事故物证调查工作的发展提供依据。

本书由辽宁省鞍山市消防救援支队刘永吉、辽阳市消防救援支队石少杰和大连市消防救援支队姜平共同创作，由于作者水平有限，书中难免有不足之处，敬请广大读者指正。

作者

2022.10

目录/CONTENTS

第一章　火灾常见事故分析 ·· 1

　　第一节　火灾的分类与规律 ··· 1

　　第二节　火灾事故的基础知识 ··· 5

　　第三节　防火事故的安全管理 ··· 10

第二章　火灾原因调查基本程序与方法 ·································· 15

　　第一节　基本程序 ··· 15

　　第二节　基本方法 ··· 20

第三章　火灾事故现场勘验记录 ··· 32

　　第一节　火灾现场照相 ··· 32

　　第二节　视频监控录像 ··· 36

　　第三节　火灾现场制图 ··· 44

　　第四节　火灾现场勘验笔录 ·· 49

第四章　火灾事故调查中的询问 ··· 54

　　第一节　询问的原则 ··· 54

　　第二节　询问的对象与内容 ·· 56

　　第三节　询问的步骤与方法 ·· 61

　　第四节　询问笔录的制作 ·· 64

　　第五节　对证言和陈述的审查 ··· 66

第五章　火灾事故调查的痕迹 ·· 71

　　第一节　火灾痕迹的类型 ·· 71

　　第二节　火灾痕迹的形成 ·· 74

　　第三节　火灾痕迹的鉴别方法 ··· 75

第六章　火灾事故调查的物证 ⋯⋯⋯⋯⋯⋯⋯⋯⋯⋯ 83

第一节　物证的提取 ⋯⋯⋯⋯⋯⋯⋯⋯⋯⋯⋯⋯⋯⋯ 83

第二节　物证的保管 ⋯⋯⋯⋯⋯⋯⋯⋯⋯⋯⋯⋯⋯⋯ 86

第三节　物证的检验与鉴定 ⋯⋯⋯⋯⋯⋯⋯⋯⋯⋯⋯ 88

第七章　火灾事故的起火原因认定 ⋯⋯⋯⋯⋯⋯⋯⋯ 95

第一节　分析认定起火方式 ⋯⋯⋯⋯⋯⋯⋯⋯⋯⋯⋯ 95

第二节　分析认定起火时间 ⋯⋯⋯⋯⋯⋯⋯⋯⋯⋯⋯ 98

第三节　分析认定起火点 ⋯⋯⋯⋯⋯⋯⋯⋯⋯⋯⋯⋯ 100

第四节　分析认定起火物 ⋯⋯⋯⋯⋯⋯⋯⋯⋯⋯⋯⋯ 103

第五节　分析认定起火原因的方法 ⋯⋯⋯⋯⋯⋯⋯⋯ 103

第八章　燃气火灾事故调查 ⋯⋯⋯⋯⋯⋯⋯⋯⋯⋯⋯ 110

第一节　燃气火灾事故概述 ⋯⋯⋯⋯⋯⋯⋯⋯⋯⋯⋯ 110

第二节　燃气泄漏的原因 ⋯⋯⋯⋯⋯⋯⋯⋯⋯⋯⋯⋯ 114

第三节　燃气系统的调查 ⋯⋯⋯⋯⋯⋯⋯⋯⋯⋯⋯⋯ 118

第九章　火灾爆炸事故调查 ⋯⋯⋯⋯⋯⋯⋯⋯⋯⋯⋯ 127

第一节　火灾爆炸常见事故分析 ⋯⋯⋯⋯⋯⋯⋯⋯⋯ 127

第二节　轻工纺织生产企业火灾事故 ⋯⋯⋯⋯⋯⋯⋯ 129

第三节　化工生产企业火灾爆炸事故 ⋯⋯⋯⋯⋯⋯⋯ 134

第四节　仓库火灾爆炸事故分析 ⋯⋯⋯⋯⋯⋯⋯⋯⋯ 138

第五节　烟花爆竹火灾爆炸事故分析 ⋯⋯⋯⋯⋯⋯⋯ 143

第十章　火灾调查面临的法律问题 ⋯⋯⋯⋯⋯⋯⋯⋯ 149

第一节　火灾损失统计的法律地位和法律文书 ⋯⋯⋯ 149

第二节　相关的法律问题 ⋯⋯⋯⋯⋯⋯⋯⋯⋯⋯⋯⋯ 151

参考文献 ⋯⋯⋯⋯⋯⋯⋯⋯⋯⋯⋯⋯⋯⋯⋯⋯⋯⋯⋯ 158

第一章　火灾常见事故分析

第一节　火灾的分类与规律

一、火灾事故调查的目的和任务

（一）火灾事故调查的目的

随着社会经济的发展，建筑使用要求增多，各种功能更加全面，人员大量地向狭小的空间聚集，产生火灾的各种因素也随之增多，产生火灾的可能性大大增加，火灾发生的时间也难以确定。建筑火灾发生后，火灾的损失就会随着过火面积的增大和人员伤亡的增加而增加，这时，就需要弄清楚火灾产生的原因，是建筑的什么部分发生故障导致火灾的发生。同时，起火点是查明火灾事故原因的关键。火灾事故调查是公安机关的一项重要工作，公安机关进行火灾事故调查就是核定火灾中的损失，调查认定火灾原因。火灾发生的原因有很多种，有人为放火、电器损坏起火、线路短路起火等，查明火灾事故责任，明确火灾责任人，依法处理责任者也是火灾调查的重要目的。再者，火灾发生后，要对火灾的情况、火灾的原因、火灾的损失等进行总结，吸取消防工作中的经验教训，提出预防对策，减少或避免同类火灾事故的重复发生。

（二）火灾事故调查的任务

火灾事故的发生至少要三个因素的结合，即必须有可燃物、起火源、助燃物，然而促使这几种因素结合在一起，造成火灾事故则有多方面的原因，不同原因引发的火灾造成的财产损失和人员伤亡也不一样。对火灾现场的保全和相关证物的提取，是查明火灾性质，摸清火灾特征的重要前提，要弄清这几个因素，那么火灾调查就要将下面几项工作做得详细到位：

火灾发生的过程，认定火灾发生的原因。首先要确定火灾事故发生的时间，火的燃烧方向，燃烧后的结果等；在认定起火原因时，就要分析与起火原因有关的起火点、起火时间、起火物、起火源、环境因素等，将它们综合到一起研究，判断它们是如何相互作用而引起火灾的。一般的火灾事故原因可以归纳为以下三种：

第一，自然界的因素引起火灾，如自燃和雷击等；

第二，人们思想麻痹，粗心大意，安全知识缺乏引起火灾，如用电、用火或者吸烟不慎等；

第三，由人放火引起的火灾，如某些人表达对社会的不满或者复仇等。

认真明确火灾发生的过程，对火灾可能发生的原因进行分类，对号入座，最后确定火灾的主因是火灾事故调查的艰巨任务之一。

核定火灾的损失，查清火灾损失及人员伤亡情况。火灾发生后，火灾损失核定比较困难。随着中国改革开放更加深入，与国外的交流日益增多，引进国外的各种新产品，国内报价比较混乱，是导致火灾损失核定困难的主要原因；加上我国经济迅速发展，研发新产品的速度不断加快，新产品不断上市，价格不够稳定，给火灾损失的核定带来了巨大困难。在情况比较复杂的火灾中，特别是高层和超高层建筑、大跨度建筑的火灾中，烧损东西的品种繁多、数量巨大，消防部门不能及时地得到这方面的信息和资料，就很难在火灾调查的短暂时间内进行价格核实。火灾损失核定是公安机关进行火灾调查、减少受灾户损失，防止受灾户乱报损失、保证国家利益不被私人非法侵占的非常重要的一道手续。

查明火灾事故的责任，发现、搜集和保全火灾有关的痕迹和物证。火灾事故发生后的责任认定是长久以来没有弄清楚的问题，简单地要求消防机关作出火灾责任认定，会导致火灾后的责任无法执行，或在执行的过程中争议不断。为了明确火灾的责任和防止后期的争议，消防部门要在第一时间保护好火灾现场，以免纵火人员趁机破坏火灾现场并毁灭火灾痕迹和证据，同时应从现场的火灾痕迹和火灾的证物来确定火灾的性质，是人为放火，是失火还是自然火灾。放火和自然火灾的现场特征性比较强，在火灾事故调查时比较容易判断。所以，一般先分析判断是人为放火还是自然火灾，如果明确判断出不是这两种情况，那么就可以推断为失火了。查明火灾责任对停止争执起到了重要作用，收集火灾现场的痕迹和证物是明确责任的重要手段，也能为后续的火灾调查提供参考。明确火灾性质是确定火灾责任的必经之路，所以这部分也是火灾调查的关键任务。

总结防火和灭火方面的经验教训。火灾发生后的教训是深刻的，调查每次火灾的原因，明确什么样的原因最容易引起火灾，在防火的时候就要有目的地对这种火灾因素增加关注，防止再次因此引发火灾。火灾后灭火的方法、采用的灭火器种类以及火灾救援等都能为下次火灾提供参考。总结火灾的教训也是火灾调查引导大众防火灭火的重要任务。

二、火灾的定义

火灾是一种灾害，是指燃烧在时空上失去了控制，造成了人身伤害和财物损失。在各种灾害中，火灾是最普遍和经常发生的主要灾害之一，对社会发展和公众安全构成很大的威胁，经常造成人员伤亡及财产损失。伴随我们国家飞速发展，社会经济水平和人民生活水准得到很大提高，人们生活方式发生巨大转变，火灾发生的诱因明显增多，火灾发生率明显上升，因此造成的人身伤害和经济损失持续攀升，严重影响社会稳定和人民安全。由于火灾的发生具有即时性和不可控性，在日常的生产和生活中无法做到全面预防，总是由于各种原因不可避免地发生，因此，我们又称火灾为火灾事故。有些火灾事故是可以预防或者说不应发生的，却因为相关人员在生产或生活中的失误造成，我们称其为火灾责任事故。而那些损失后果特别严重，违反了《消防法》和其他有关法律法规，需要当事人承担法律责任的火灾事故，我们称为火灾案件，如消防责任事故案、失火案等。

三、火灾事故的分类

（一）六大类型

根据可燃物的类型和燃烧特性，火灾分为 A、B、C、D、E、F 六大类。

A 类火灾：指固体物质火灾。这种物质通常具有有机物质性质，一般在燃烧时能产生灼热的余烬。如木材、干草、煤炭、棉、毛、麻、纸张等引起的火灾。

B 类火灾：指液体或可熔化的固体物质火灾。如煤油、柴油、原油、甲醇、乙醇、沥青、石蜡、塑料等引起的火灾。

C 类火灾：指气体火灾。如煤气、天然气、甲烷、乙烷、丙烷、氢气等引起的火灾。

D 类火灾：指金属火灾。如钾、钠、镁、钛、锆、锂、铝镁合金等引起的火灾。

E 类火灾：指带电火灾。物体带电导致燃烧的火灾。

F 类火灾：指烹饪器具内的烹饪物（如动植物油脂）火灾。

（二）等级划分

火灾等级划分为特别重大火灾、重大火灾、较大火灾和一般火灾四个。

特别重大火灾是指造成 30 人以上死亡，或者 100 人以上重伤，或者 1 亿元以上直接财产损失的火灾；

重大火灾是指造成 10 人以上 30 人以下死亡，或者 50 人以上 100 人以下重伤，或者 5000 万元以上 1 亿元以下直接财产损失的火灾；

较大火灾是指造成 3 人以上 10 人以下死亡，或者 10 人以上 50 人以下重伤，或者 1000 万元以上 5000 万元以下直接财产损失的火灾；

一般火灾是指造成 3 人以下死亡，或者 10 人以下重伤，或者 1000 万元以下直接财产损失的火灾。

火灾是指在时间或空间上失去控制的燃烧所造成的灾害。在各种灾害中，火灾是最经常、最普遍地威胁公众安全和社会发展的主要灾害之一。人类能够对火进行利用和控制，是文明进步的一个重要标志。所以说人类使用火的历史与同火灾做斗争的历史是相伴相生的，人们在用火的同时，不断总结火灾发生的规律，尽可能地减少火灾及其对人类造成的危害。在火灾时需要安全、尽快地逃生。

四、火灾的发生规律

火灾在本质上虽然是一种自然现象，与一些自然因素有关，如地域、气候、气象等因素，但同时它也与社会因素有关，许多火灾事故的发生更多地是由社会因素造成的，如电气火灾、违章操作火灾、吸烟火灾、玩火火灾等。所以说，火灾是一种自然现象，也是一种社会现象。人们可以通过对火灾的分析，找出火灾发生发展的规律，从而积极采取对策，有效地预防火灾和战胜火灾。

（一）火灾的季节变化规律

在我国，冬季（12 月～次年 2 月）火灾起数最多，春季（3～5 月）次之，秋季（9～11 月）又次之，夏季（6～8 月）火灾起数最少。每年 11 月至次年 3 月，是全国集中开展冬春火灾防控工作的时期。因为这一季节，天气寒冷干燥，用火、用电、用气量增多，物品遇火容易燃烧，起火因素骤增，且重大节日较多，物资相对集中，一旦发生火灾，容易造成重大财产损失和人员伤亡事故。

1.火灾高发多发

据统计，全国2015年至2019年冬春季平均每天发生火灾1106起，明显高于夏秋季，其中起数高出30%，死亡人数高出70%。

2.重大火灾相对集中

2015年至2019年间发生的18起重大火灾，有13起发生在冬春期间，占重大火灾总数的72%。

3.电气火灾相对较多

电热毯、电吹风、取暖器、电热油汀等小型取暖、烘干设施的使用增多，增加了电气火灾发生的频率。一些南方地区空气相对湿度高，雨雾较多，一些绝缘层老化的电线防潮能力下降，容易发生电气火灾。

（二）火灾的发展规律

多数火灾是从小到大，由弱到强，逐步成为大火的。火灾的形成一般分为初起、成长、猛烈、衰退四个阶段，前三个阶段是造成火灾危害的关键。

1.火灾初起阶段

一般固体可燃物质发生燃烧，火源面积不大，火焰不高，烟和气体的流速不快，辐射热不强，火势向周围发展的速度比较缓慢。这段时间的长短，因建筑物结构及空间大小的不同而不同。在这种情况下，只需少量的人力和简单的灭火工具就可以将火扑灭。

2.火灾成长阶段

如果初起阶段的火未被发现或扑灭，随着燃烧时间的延长，燃烧强度增大，温度逐渐上升，燃烧区内逐渐被烟气充满，周围的可燃物迅速被加热，此时气体对流增强，燃烧速度加快，燃烧面积迅速扩大，会在一瞬间形成一团大的火焰。在这种情况下，必须有一定数量的人力和消防器材装备，才能及时有效地扑灭火灾。

3.火灾猛烈阶段

随着燃烧时间的延长，燃烧速度不断加快，燃烧面积迅速扩大，燃烧温度急剧上升，持续温度达600℃~800℃，辐射热最强，气体对流达到最高速度，燃烧物质的放热量和燃烧产物达到最高数值，此时建筑材料和结构受到破坏，发生变形或倒塌。这段时间的长短和温度高低，取决于建筑物的耐火等级。在这种情况下，需要组织较多的灭火力量和花费较长的时间才能控制火势，扑灭大火。

4.火灾衰退阶段

猛烈燃烧过后，火势衰退，室内温度下降，烟雾消散，火灾渐渐平息。

第二节　火灾事故的基础知识

一、火灾燃烧的条件

燃烧的发生必须具备三个基本条件：

可燃物，凡是能与空气中的氧或其他氧化剂起燃烧反应的物质，均称为可燃物。

氧化剂，在一般火灾中，空气中的氧是最常见的氧化剂。

引火源，凡是能引起物质燃烧的引燃能源，统称为引火源。

上述三个条件通常被称为燃烧三要素。这三个条件只有同时存在，并满足一定的条件，相互作用，才会导致燃烧反应的发生。

二、常见起火原因

（一）用火不慎

家庭火灾发生大部分是由于居民消防安全意识淡薄，总认为火灾这种事情不会落到自己头上，但这种侥幸的心态和生活中不良的习惯恰恰是家庭悲剧发生的源头。

1.用火不慎是火灾主因

因电气原因引起的火灾数量位居第一，占火灾总数的近三成；因生产作业和生活用火不慎引发的火灾数量位居次席，占火灾总数的两成；单位电气设备及铺设线路管理不善、居民用火用电安全意识不强，是造成火灾多发的主要原因。

此外，从火灾发生的时间分析，冬、春季节是全年火灾发生最集中的时期。去年第一季度和第四季度，火灾数量占火灾总量的近七成，相比夏秋季节，火灾起数明显上升。冬春之交，风干物燥，用火、用电、用油、用气增加，加上节庆日集中，人流、物流集中，各种庆祝集会和传统民俗文化活动频繁，火灾事故隐患增多，防控难度加大，造成火灾数量居高不下。

2.用火不慎起火成因有哪些

厨房用火不慎。使用煤气灶、液化石油气灶时，锅壶盛水过满，加热后水溢出熄灭火焰，而气灶照常放出的煤气、液化石油气与空气混合遇明火发生爆炸燃烧；家庭炒菜炼油时，油锅过热起火；将做饭烧过的稻草灰、木柴灰、煤柴灰等物随意倒在室外，而这些灰中的火并未完全熄灭，一旦遇到大风天气，将火星带到室外草垛或房顶的锯末上，极有可能将其引燃酿成火灾，这种火灾，在农村尤为常见。

生活、照明用火不慎。城乡居民夏季用灭蚊器或蚊香，由于蚊香等摆放不当或电蚊香长期处于工作状态，而招致火灾；停电用蜡烛照明时人们粗心大意，来电后忘记吹灭蜡烛或点燃的蜡烛过于靠近可燃物，导致燃烧蔓延成灾。

吸烟不慎。在家中乱扔烟头，致使未熄灭的烟头引燃家中的可燃物；由于酒后或睡觉躺在床上、沙发上吸烟，烟未熄人已入睡，结果烧着被褥、沙发，造成火灾；有些居民在家中使用易燃易爆物品时吸烟，引发火灾。

儿童玩火。儿童缺乏生活经验，不知道火的危险性，火对儿童来说是具有魅力的神奇之物，它吸引着好奇孩子的一颗幼稚的童心。儿童玩火的常见方式有在家中玩弄火柴、打火机，把鞭炮内的火药取出，开煤气、液化气钢瓶上的开关，而且儿童玩火一般在成年人不在家的时候，一旦起火，由于儿童不懂灭火常识，常常惊慌逃跑，躲进角落等，从而使小火酿成火灾，最终成为悲剧。

（二）电气火灾

电气火灾一般是指由于电气线路、用电设备、器具以及供配电设备出现故障性释放的热能（如高温、电弧、电火花以及非故障性释放的能量或电热器具的炽热表面），在具备燃烧条件的情况下引燃本体或其他可燃物而造成的火灾，也包括由雷电和静电引起的火灾。

1.电气火灾产生的原因：

设备或线路发生短路故障。电气设备由于绝缘损坏、电路年久失修，相关人员疏忽大意、操作失误及设备安装不合格等将造成短路故障，其短路电流可达正常电流的几十倍甚至上百倍，产生的热量（正比于电流的平方）使温度上升超过自身和周围可燃物的燃点引起燃烧，从而导致火灾。

过载引起电气设备过热。选用线路或设备不合理，线路的负载电流量超过了导线额定的安全载流量，电气设备长期超载（超过额定负载能力），引起线路或设备过热而导致火灾。

接触不良引起过热。如接头连接不牢或不紧密、动触点压力过小等使接触电阻过大，接触部位过热而引起火灾。

通风散热不良。大功率设备缺少通风散热设施或通风散热设施损坏造成过热而引发火灾。

电器使用不当。如电炉、电熨斗、电烙铁等未按要求使用，或用后忘记断开电源，引起过热而导致火灾。

电火花和电弧。有些电气设备正常运行时就能产生电火花、电弧，如大容量开关、接触器触点的分、合操作，都会产生电弧和电火花。电火花温度可达数千摄氏度，遇可燃物便可点燃，遇可燃气体便会发生爆炸。

2.电气火灾的特点

（1）电气火灾的季节性特点

电气火灾多发生在夏、冬季。一是因夏季风雨多，当风雨侵袭，架空线路发生断线、短路、倒杆等事故，引起火灾；露天安装的电气设备（如电动机、闸刀开关、电气火灾监控系统等）淋雨进水，使绝缘受损，在运行中发生短路起火；夏季气温较高，对电气设备发热有很大影响，一些电气设备，如变压器、电动机、电容器、导线及接头等在运行中发热，温度升高就会引起火灾。二是因冬季天气寒冷，如架空线受风力影响，发生导线相碰放电起火；大雪、大风造成倒杆、断线等事故；使用电炉或大灯泡取暖，使用不当，烤燃可燃物引起火灾；冬季空气干燥，易产生静电而引起火灾。

（2）电气火灾的时间性特点

许多火灾往往发生在节日、假日或夜间。由于有的电气操作人员思想不集中，疏忽大意，在节、假日或下班之前，对电气设备及电气火灾监控系统不进行妥善处理，便仓促离去；也有因临时停电不切断电源,待供电正常后引起失火。失火后,往往由于节假日或夜间现场无人值班,火情难以及时被发现而蔓延扩大成灾。

(3)电气火灾的人为性特点

电气火灾的发生,绝大多数是违规操作或疏忽大意所致,如灯具电器厂电焊引发的火灾便是违规操作引发的火灾。因此,电气火灾与人的知识、技术、责任心、道德密切相关。

(三)自然原因

1. 森林火灾

在森林中一旦发生火灾,是非常难遏制的,很有可能引起非常严重的后果,许多野生动物因此丧生,许多森林资源因此被烧毁。

(1)森林可燃物

森林中所有的有机物质,如乔木、灌木、草类、苔藓、地衣、枯枝落叶、腐殖质和泥炭等都是可燃物。其中,有焰燃烧可燃物又称明火,能挥发可燃性气体产生火焰,其可燃物占森林可燃物总量的85%~90%。其特点是蔓延速度快,燃烧面积大,消耗自身的热量仅占全部热量的2%~8%。无焰燃烧可燃物又称暗火,不能分解足够的可燃性气体,没有火焰,其可燃物如泥炭、朽木等,占森林可燃物总量的6%~10%。其特点是蔓延速度慢,持续时间长,消耗自身的热量多,如泥炭可消耗其全部热量的50%,在较湿的情况下仍可继续燃烧。

(2)火源

不同森林可燃物的燃点温度各异。干枯杂草燃点为150℃~200℃,木材为250℃~300℃,要达到此温度需有外来火源。火源按性质可分为:

自然火源。有雷击火、火山爆发和陨石降落起火等,其中最多的是雷击火,中国黑龙江大兴安岭、内蒙古呼伦贝尔盟和新疆阿尔泰等地区最常见。

人为火源。绝大多数森林火灾都是用火不慎引起,约占总火源的95%以上。人为火源又可分为生产性火源(如烧垦、烧荒、烧木炭、机车喷漏火、开山崩石、放牧、狩猎和烧防火线等)和非生产性火源(如野外做饭、取暖、用火驱蚊驱兽、吸烟、小孩玩火和人为纵火等)。

(3)氧气(助燃物)

1千克木材要消耗 $3.2~4.0m^3$ 空气(纯氧 $0.6~0.8m^3$),因此,森林燃烧必须有足够的氧气才能进行。通常情况下空气中的氧气约占21%,当氧气在空气中的含量减少到14%~18%时,燃烧就会停止。

2. 草原火灾

草原火灾的原因多而复杂,其中闪电是常见的起因之一。草原上覆盖的丰富可燃物遇到闪电极易引起草原火灾。可燃物自燃是另一个起因,秋后降雪前和来年春季化雪之后,由于气候干燥、风大、日照时数长,可燃物自燃常会引起草原火灾。另外磷火也是草原火灾的起因之一。在草原区,大量的牧畜骨架遗留在草原上,而骨中丰富的磷很容易引起野火。

雷击引起草原火灾的原因主要是雷暴,特别是干雷暴,降水少、地面增温、相对湿度减少、可燃物干燥,一旦发生雷击,就很容易着火并蔓延成灾。

干雷暴是一种特殊的天气情况。由于天气炎热干燥,上层空气云层遇到冷空气降雨,但是雨还没落到地面，由于下层地表高温，雨马上被蒸发变为潮湿的热空气再次上升到空中。由于下雨时会有雷电产生，并伴有大风，极易引起草原大火。

闪电往往伴随着强烈的降水，如果降雨量及雨强达到一定程度时，雷击引发的火源则会自动熄灭，不会有草原火灾发生。但是在暖而干燥的天气条件下，降水却不能到达地面，或者只有少部分雨水到达地面，而雨量太小不能熄灭火源，这时由雷击引发的火源就会蔓延成灾。

雷击引发火灾的可能性与闪电发生处的气象条件（如湿度、温度及风速等）、植被状况（可燃物分布、尺寸及含水率等）有关。如雷电发生时或雷电过后伴有降水，火势蔓延的可能性还与雨量、雨强有着重要的关系。

（四）放火

放火是为了达到某种目的而故意烧毁公私财物的一种犯罪行为。在勘验认定此类火灾现场时，除了遵循常规的火灾现场勘验程序外，尤其要注意放火现场所具有的特征规律。

1. 常见放火动机

动机的确定可以指明侦破的方向，甚至确定嫌疑人，有助于及时立案和顺利移交。

常见的放火动机有：

报复；

获取经济利益；

掩盖罪行；

寻求精神刺激；

对社会和政府不满；

精神病患者放火；

自焚。

2. 放火现场的主要特征

（1）多起火点

多起火点是指在火灾现场中没有任何联系，且火势蔓延方向无规律的多个独立的起火点。

（2）异常的起火点和火源

起火点有异常燃烧情况时，要考虑放火的可能。异常的起火点和火源主要有：

起火点处的可燃材料很少，但此处的燃烧程度却很重；

起火点处的可燃材料的燃烧热释放速率应很低，可现场却表现出很高的燃烧蔓延速率；

现场原有的可燃物位置发生变动。利用现场原有的可燃物来实施放火时，物品在火灾前后一般有明显的位置变化；

现场原有的引火源位置发生变动；

借用现场原有的物品做引火源，如将电炉、电熨斗等电热装置移放到可燃物上。

（3）助燃剂

助燃剂主要分液体助燃剂和固体助燃剂两类。

液体助燃剂。液体助燃剂一般为常见易燃液体。现场勘验时，如果发现了地毯、木地板、水泥地面上的不规则流淌痕迹，或者发现了来源不明的容器及其残骸、碎片、熔化物，应当提取并鉴定，确定易燃液体的成分。

火灾现场中存在易燃液体时，表明火灾有放火嫌疑。在任何情况下，只要起火点处发现了易燃液体，都应以此作为重要线索进行彻底调查。

固体助燃剂。主要指活泼金属等高温助燃剂（HTA）。火灾初期有特别耀眼的火光，在现场有时会留有熔化的金属。

（4）拖尾痕迹

形成拖尾痕迹的可燃物可能是易燃液体，也可能是可燃固体。现场中的这种痕迹能够将两个不同部位的可燃物联系起来，有时是从楼上沿楼梯向下延续，有时是从室内向室外延续。当怀疑有可能是由助燃剂燃烧形成的拖尾痕迹时，应当提取并鉴定。

（5）人员的异常烧伤

人员的烧伤痕迹和烧伤部位有时能够为确定火灾原因提供线索。放火嫌疑人在实施放火时有可能被迅速蔓延的火焰烧伤，如在头发、眉毛、手和鞋子等部位留下烧伤痕迹。在外围调查时，火灾调查人员应走访相关医院，向医务人员了解烧伤情况。现场中如果发现尸体，火调人员还应当根据死者的烧伤部位、死亡位置等情况判断该死者是否有放火嫌疑。

（6）起火点处残留放火物

现场中常见的放火遗留物主要有：

固体类：如火柴、打火机、棉花、纸张、油纸、火绳、蚊香、蜡烛等的燃烧残体或部分原物；

易燃液体：如渗透到泥土、木板、地板、墙皮中的残留汽油，盛装油品的瓶、桶原物或残体；

气体类：如燃气管道阀门、燃气炉具、液化石油气罐等的开关状态；

电热装置：如电炉、电吹风机等；

放火装置：现场残留的延时类装置的残留物品，如导火索（绳）和机械或电子定时器等。

3.放火现场勘验

放火现场的勘验也应遵循一般火灾现场勘验步骤，从寻找起火点或寻找引火源着手，确定火灾现场是否具有放火现场的特征。

（1）寻找火源、起火物

在起火点附近仔细勘验，寻找放火时使用的火源、起火物。注意检查起火点附近存在的不应出现的物件。起火点处有放火遗留物时，应该考虑放火意图。

（2）寻找放火嫌疑人的遗留痕迹

在现场周围、出入口以及放火者来去路线等地方搜寻其放火遗留的痕迹。放火遗留的痕迹主要有：

攀登痕迹和翻越痕迹；

挤压、撬压痕迹；

玻璃破碎痕迹；

翻动和移动痕迹及丢失的财物情况；

消防系统、通讯系统破坏痕迹；

尸体上的痕迹及受伤人员情况。

（3）查明放火是否为反复放火

查证以往的放火案件，寻找放火案件的规律，研究放火行为是否为反复性的，对于确定案件的侦破方向具有很大的帮助。

（4）起火点的位置隐蔽

如果起火点所处的位置很隐蔽，周围的人不能及时发现该位置，表明放火者故意选择偏僻部位，不易被人发现。

（5）起火点在公共设施或用具附近

燃气管道或电气设备附近发生的火灾，可能表明放火者有意造成是事故的假象，转移调查人员的注意力。

（6）内部物品变更及超值保险

在现场调查时，发现火灾前后物品数量、品种不一致，或缺少了贵重物品，财产进行了超值保险等，都要考虑存在放火的可能性。

（7）有明显的破坏痕迹

一般情况下放火者的目的是使建筑物和其内部的物品完全迅速地被烧毁，防盗报警和自动灭火系统会首先遭到破坏。如拆卸或盖住感烟探头、堵塞喷淋头、关闭控制阀、损坏消火栓等。现场勘验发现系统没能启动时，火灾调查人员应查明是蓄意破坏还是其他因素。

（8）门窗开启情况异常

开启门窗能加速火的燃烧和蔓延。冷天或违反常规情况下门窗的开启，可能表明存在人为因素，使得空气流通加速火势蔓延。

（9）现场破坏严重、物证分散

从物证分布看，放火案件的物证和失火案件的物证有所不同，失火案件物证一般在起火点的部位，而放火案件的物证有时却很分散，起火点处有，其他地点可能也有，如放火者将汽油瓶、火柴盒等扔到火灾现场外。物证分散是放火现场的特点之一。

（10）现场内有尸体

尸体被捆绑或有伤痕，应通过法医鉴定确定被害人死亡时间和死亡的方式。

第三节　防火事故的安全管理

一、灭火原理

根据燃烧的基本条件，一切灭火措施，都是为了破坏已经形成的燃烧条件或终止燃烧的连锁反应，使火熄灭并把火势控制在一定范围内，最大限度地减少火灾损失。

灭火的基本方法：

燃烧必须同时具备3个条件：可燃物质、助燃物质和火源。灭火就是为了破坏已经产生的燃烧条件，只要能去掉一个燃烧条件，火即可熄灭。人们在灭火实践中总结出了以下几种基本方法。

（一）冷却灭火法

将灭火剂直接喷洒在可燃物上，使可燃物的温度降低到自燃点以下，从而使燃烧停止。另外还有用水冷却尚未燃烧的可燃物质防止其达到燃点而着火的预防方法。

用水扑救火灾，其原理就是冷却灭火，一般物质起火，都可以用水来冷却灭火。

（二）窒息灭火法

可燃物质在没有空气或空气中的含氧量低于14%的条件下是不能燃烧的。所谓窒息灭火法，就是隔断燃烧物的空气供给。

采取适当的措施，阻止空气进入燃烧区，或用惰性气体稀释空气中的含氧量，使燃烧物质缺乏或断绝氧而熄灭，适用于扑救封闭式的空间、生产设备装置及容器内的火灾。火场上运用窒息灭火法扑救火灾时，可采用石棉被、湿麻袋、湿棉被、沙土、泡沫等不燃或难燃材料覆盖燃烧物或封闭孔洞；将水蒸气、惰性气体（如二氧化碳、氮气等）充入燃烧区域；利用建筑物上原有的门以及生产储运设备上的部件来封闭燃烧区，阻止空气进入。

（三）隔离灭火法

可燃物是燃烧条件中最重要的条件，如果把可燃物与引火源或空气隔离开来，那么燃烧反应就会自动中止。如用泡沫灭火剂灭火产生的泡沫覆盖于燃烧液体或固体的表面，把可燃物与火焰和空气隔开就属于隔离灭火法。

隔离灭火的具体措施很多。例如，将火源附近的易燃易爆物质转移到安全地点；关闭设备或管道上的阀门，阻止可燃气体、液体流入燃烧区；拆除与火源相毗邻的易燃建筑结构，形成阻止火势蔓延的空间地带等。

（四）抑制灭火法

将化学灭火剂喷入燃烧区参与燃烧反应，使游离基（燃烧链）的链式反应中止，从而使燃烧反应停止或不能持续下去。可使用的灭火剂有干粉和卤代烷灭火剂。灭火时，将足够数量的灭火剂准确地喷射到燃烧区内，使灭火剂阻断燃烧反应，同时还应采取冷却降温措施，以防复燃。

二、灭火器

灭火器在楼梯（道）、安全通道等地方随处可见，因为属于可携式，非常便利，在火灾初期的效果明显。但很少有人知道，灭火器应该如何使用，如何根据火情选择正确的灭火器种类。

（一）灭火器的分类

目前，灭火器的分类多种多样，按照移动范围定义为手提式、推车式。首先来说推车式，推车式灭火器会比手提式的工作范围大，一般延伸至两倍左右的空间，适用于建筑场所、大车间、古建筑等范围较大的建筑物体。还有驱动式灭火器，根据动力来源不同，具体分为储气瓶式、储压式、化学反应式。当然，灭火器还有很多种，例如常见的泡沫式、干粉式、二氧化碳式、水基型灭火式、卤代烷式等。最后，我们普及一下这些类型的灭火器带来的益处和伤害，像卤代烷式过多使用，会破坏臭氧和大气层，应尽量减少此类灭火器的使用；还有洁净气体式的，对环境不会造成破坏，遗留的灭火器残渣也很快在空气中散尽，这种类型的灭火器在生活中很常见，是卤代烷式的进化。

（二）灭火器的选择

在选择灭火器过程中，一定要弄清楚因何而起火，然后选择合适的灭火器进行现场救援。火灾类型是多样的，我们根据前文对火灾类型的具体分析，按照先后顺序说一下应该如何选择灭火器。

第一，像水基型、泡沫型、卤代烷型、干粉型都是可以选择的，这里的干粉型为磷酸铵盐类型，但选择此类灭火器只能做到控火，无法通过它们来达到灭火的效果，因为其中的磷酸氢钠不能吸附在固体物质上。

第二，像洁净气体型、二氧化碳型、卤代烷型、泡沫型均可以选择，这里我们不能选择的是水基型灭火器，因为水基型无法对付这些液体，甚至会加大火势。近几年研发的新型的水基型灭火器，可以应用在此种火型中。

第三，像干粉型、卤代烷型、洁净气体型、二氧化碳型都是不二之选，一般情况下不能选择泡沫类型的。还有的火灾，选用 7150 灭火器最为合适，或者使用干沙、土等物质。由于有的火灾火势会很凶猛，需要专业的灭火人员现场指导，若是一意孤行，很容易造成更加惨烈的伤亡。

第四，像洁净气体型、干粉型、卤代烷型都是比较合适的选择。当然，二氧化碳灭火器在投入使用期间，应注意着火场地电压的数值，若超过 600V 就要做断电处理，不然会造成更严重的火势。

第五，像石材引发的火灾，可以使用二氧化碳型暂时压制，因为复燃概率非常大，可以选择水型、BC 干粉型扑灭火灾。

（三）灭火器的使用

灭火器的使用需要有科学依据，这样才能达到灭火的效果，因为灭火器很容易受环境温度因素的制约，专业人员要注意选择合适的地方放置器材，然后根据火灾等级的不同，采用不同的灭火器进行灭火。

1. 灭火器的使用

灭火器对场景环境的温度还是有一定要求的，因为温度决定了灭火器的性能、安全性、喷射范围等，在较低温度的环境下，灭火器的喷射范围可能会缩小，达不到最终预想的灭火效果；在温度过高的情况下，因为热胀冷缩原理，灭火器的内部压力相对较大，可能会产生爆炸现象。因此，灭火器在选择安定点时，一定要考虑温度方面带来的影响，尽量选择温度适宜的环境。若是找不到相对合适的温度环境，可采用防冻剂、气体驱散等方式合理处置，以满足温度的正常需求。

2. 不同危险程度的场所，选择的灭火器也不同

火灾等级的划分涉及很多因素，例如人员密集程度、火灾的隐性程度、会蔓延速度的预

算、救援的难度系数、财产安全等，主要划分为重危、中危、轻危三个等级。在扑救的过程中，要根据火灾的等级选择灭火器。不论什么等级，都要认真且区别对待。

（四）灭火器的维护管理

因为灭火器关系到人们的生命财产安全，必须定期维护，相关工作人员也要恪守本分，不能有懒怠心理，已经达到报废年限的灭火器必须尽快更换，以免埋下安全隐患。

1.日常管理

灭火器的日常管理，分为巡查、检查两种。巡查是对灭火器数量、外观、有效期的检查；而检查是对灭火器分配、配置的检查。

2.维修与报废

灭火器也是有使用年限的，当达到一定年限后，相关管理部门要检查灭火器的各项指标，以维修手册为依据，若是可以维修，管理部门人员可以将灭火器送到指定的地方进行维修；当到了报废年限，相关部门人员要联系企业进行更换，以免因为延误更换，造成不可挽回的损失。具体来说，水基型灭火器在出厂后的三年里，每一年都要送到指定部门维修保养，为的是质量达标；像干粉灭火器、洁净灭火器、二氧化碳灭火器这三种的维修保养时间可以往后推两年，即五年后送修保养。送修灭火器也有规定，因为全市的灭火器都要定期送往维修处保养，所以数量一定要控制在计算单元内的四分之一。当然，超时情况下要选择代替物，而且配方和使用方法最好和原灭火器内容相符，以保证危急情况下，专业人员可以用来灭火。试想一下，若是专业人员不了解灭火器的使用方法和原理，很可能因为时间的延误，造成不可挽回的后果。

一般情况下，灭火器报废通过三种现象确定：已经超过使用年限，也符合报废标准的；国家下达文件，已经列入报废范围内的；在维修过程中发现灭火器已经"千疮百孔"，不能再修复的。当灭火器彻底报废后，相关单位要尽快和上级部门反映，并配合企业进行更换。

现阶段，国家将部分灭火器列入淘汰目录，是因为新型灭火器的加入。与这些新型灭火器相比，旧的灭火器对环境造成的伤害更大，其中包括酸碱型、化学泡沫型、倒置使用型、哈龙 1211 和 1301、四氯化碳型等。首先来说酸碱型灭火器为何要淘汰，是因为在使用期间，很容易误伤操作者；还有四氯化碳灭火器的淘汰，是因为它的输出功率实在低，喷射的气体还有毒，若是高温环境下，造成的伤害还会加大。

一般情况下，当灭火器已经达到报废的条件，要尽快报废，像水基型灭火器的有效期为 6年，干粉灭火器的有限期为 10 年，洁净气体灭火器也同样为 10 年等。

三、火灾的安全知识

火灾事故常常发生，因此了解火灾的安全知识很有必要。

（一）楼房起火时如何脱险

当发现楼内失火时，切忌慌张、乱跑，要冷静地探实着火方位，确定风向，并在火势未蔓延之前，朝逆风方向快速离开火灾区域。

起火时，如果楼道被烟火封死，应该立即关闭房门和室内通风孔，用湿棉被堵住门缝，防止进烟，等待救援。如果楼道中只有少量的烟而没有火，可用湿毛巾堵住口鼻，并采用弯腰的姿势，迅速逃离烟火区。严防吸入热烟和有毒气体刺激眼睛、吸入呼吸道。

千万不要从窗口往下跳。如果楼层不高，可以在成人的保护和组织下，用绳子从窗口降到安全地区。

发生火灾时，不能乘电梯，因为电梯随时可能发生故障或被火烧坏。应沿防火安全疏散楼梯朝底楼跑，如果中途防火楼梯被堵死，应立即返回到屋顶平台，并呼救求援。也可以将楼梯间的窗户玻璃打破，向外高声呼救，让救援人员知道你的确切位置，以便营救。

（二）楼梯被火封锁

可以从窗户旁边安装的落水管道往下爬，但要注意查看管道是否牢固，防止人体攀附上去后断裂脱落造成伤亡。

将床单撕开结成绳索，一头牢固地系在窗框上，然后顺着绳索滑下去。

楼房的平屋顶是比较安全的处所，也可以到那里暂时避难。

从突出的墙边、墙裙和相连接的阳台等部位转移到安全区域。

到未着火的房间内躲避并呼救求援。

跳楼往往凶多吉少，是最不可取的逃生方式。

（三）遇到火灾要牢记

临危不惧、清醒果断、争分夺秒、巧妙脱险。

了解和熟悉环境：当你走进商场、宾馆、酒楼等公共场所时，要留心太平门、安全出口、灭火器的位置，以便在发生意外时及时疏散和灭火。

迅速撤离。一旦听到火灾警报或意识到自己被大火围困时，要立即想法撤离。根据火势实情选择最佳的自救方案，千万不要慌乱。凡火灾幸存者大多方寸不乱，不大呼大叫，而是根据火势、房型冷静而又迅速地选择最佳自救方案。逃生时可用毛巾或餐巾布、口罩、衣服等将口鼻捂严，否则会有中毒和被热空气灼伤呼吸系统软组织，进而窒息致死的危险。

保护呼吸系统。我们都知道火焰烟雾中毒所致的窒息会致人死亡，火焰烟雾可致人在3~5分钟内中毒窒息身亡。所以当火势尚未蔓延到房间内时，应紧闭门窗、堵塞孔隙，防止烟火窜入。若发现门、墙发热，说明大火逼近，这时千万不要开窗、开门，可以用浸湿的棉被等堵封，并不断浇水，同时用棉织物或湿毛巾捂住嘴和鼻。另外，应低首俯身，贴近地面，设法离开火场。

设法脱离险境。二楼左右的可跳楼逃生，但跳前应先向地面扔一些棉被、枕头、床垫、大衣等柔软的物品，以便软着陆，然后用手扒住窗户，身体下垂，自然下滑，以缩短跳落高度。若楼道火势不大或没有坍塌危险时，楼上的住户可裹上浸湿了的毯子、非塑制的雨衣等，快速冲下楼梯。若楼道被大火封住而无法通过，可顺墙排水管下滑或利用绳子沿阳台逐层跳下。

尽快显示求救信号。在无路逃生的情况下，可利用卫生间等暂时避难。同时用水喷淋迎火门窗，把房间内一切可燃物淋湿。在暂时避难期间，要主动与外界联系，可以打手电、用竹竿撑起颜色鲜明的衣物，不断摇晃，或不断向窗外掷不易伤人的衣服等软物品，或敲击面盆、锅。

不可贻误脱险时机。不要贪恋钱财，不要损人利己，不能不顾他人死活前拥后挤。只有有序迅速地疏散，才能最大限度地减少伤亡。

第二章　火灾原因调查基本程序与方法

第一节　基本程序

一、火灾事故调查的程序

火灾调查的程序可以根据与火灾调查相类似的分类方法来确定，根据不同的调查工作要求设置相应的程序是火灾事故调查的必然选择。火灾调查的程序分为一般程序和简易程序：

（一）火灾事故调查简易程序

当没有人员伤亡、直接财产损失轻微、当事人对火灾事故事实没有异议、没有放火嫌疑的时候，火灾的调查可以采用简易程序。简易程序可以由一名火灾事故调查人员履行，主要过程是调查走访询问相关人员；查看火灾现场和有关的照相和录像；告知当事人火灾的事实；登记火灾备案。简易程序一般由公安派出所或其他的相关中介机构实施，如果在实施简易程序的过程中发现有适用于一般程序的情况，应按照一般程序进行调查。

同时具有下列情形的火灾，适用简易调查程序：

没有人员伤亡的；

直接财产损失轻微的；

当事人对火灾事故事实没有异议的；

没有放火嫌疑的。

前款第二项的具体标准由省级人民政府公安机关确定，报公安部备案。

适用简易程序的前提必须同时满足前条第一款规定的一至四项条件，缺一不可。

《火灾事故调查规定》之所以设计简易调查程序，不是用来减少公安机关、消防机构的火灾调查任务，减轻其工作压力，而是通过简易调查程序把节省下来的精力集中用来调查适用一般调查程序的火灾。

当事人对火灾事实没有异议是指当事人认可公安机关消防机构对火灾事实的认定。直接财产损失轻微界定如下：

受灾范围仅限一户、火灾直接财产损失一万元以下的；

受灾范围仅限一个单位、火灾直接财产损失五万元以下的。

适用简易调查程序的，可以由一名火灾事故调查人员调查，并按照下列程序实施：

表明执法身份，说明调查依据；

调查走访当事人、证人，了解火灾发生过程、火灾烧损的主要物品及建筑物受损等与火灾有关的情况；

查看火灾现场并进行照相或者录像；

告知当事人调查的火灾事故事实，听取当事人的意见，当事人提出的事实、理由或者证据成立的，应当予以采纳；

当场制作火灾事故简易调查认定书，由火灾事故调查人员、当事人签字或者捺指印后交付当事人。

无法确认当事人的，调查人员应在《火灾事故简易调查认定书》上注明情况，并由本单位负责人签字确认后存档。

火灾事故调查人员应当在二日内将火灾事故简易调查认定书上报所属公安机关消防机构备案。

（二）火灾事故调查的一般程序

火灾事故调查的一般程序应该由两个以上的调查人员进行，也可以同时聘请专业人员或者专家协助调查。采用一般程序时，可由公安消防机构和公安派出所或中介机构分别负责。一般程序适用于调查类火灾事故，调查人员要受理案件、设置警戒标志、封锁并保护火灾现场；调查询问相关人员；进行现场照相、录像，现场制图，现场物证提取等现场调查活动；对现场提取的痕迹、物品或证据做出技术鉴定；分析火灾原因时可以进行模拟实验；统计火灾损失；认定火灾事故的性质。调查的一般程序如图 2-1 所示。

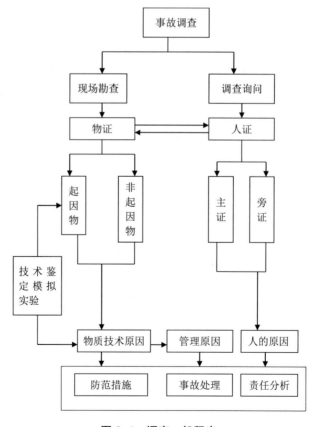

图 2-1 调查一般程序

二、火灾事故调查一般程序

（一）一般规定

除依照火灾事故简易调查程序以外，公安机关消防机构对火灾进行调查时，火灾事故调查人员不得少于两人。必要时，可以聘请专家或者专业人员协助调查。

公安部和省级人民政府公安机关应当成立火灾事故调查专家组，协助调查复杂、疑难的火灾。专家组的专家协助调查火灾时，应当出具专家意见。

火灾发生地的县级公安机关消防机构应当根据火灾现场情况，排除现场险情，初步划定现场封闭范围，并设置警戒标志，禁止无关人员进入现场，控制火灾肇事嫌疑人。公安机关消防机构应当根据火灾事故调查需要，及时调整现场封闭范围，并在现场勘验结束后及时解除现场封闭。

封闭火灾现场的，公安机关消防机构应当在火灾现场对封闭的范围、时间和要求等予以公告。

公安机关消防机构应当自接到火灾报警之日起三十日内作出火灾事故认定，情况复杂、疑难的火灾事故认定，经上一级公安机关消防机构批准，可以延长三十日。火灾事故调查中需要进行检验、鉴定的，检验、鉴定时间不计入调查期限。

（二）现场调查

火灾事故调查人员应当根据调查需要，对发现、扑救火灾人员，熟悉起火场所、部位和生产工艺人员，火灾肇事嫌疑人和被侵害人等知情人员进行询问。对火灾肇事嫌疑人可以依法传唤。必要时，可以要求被询问人到火灾现场进行指认。询问时应当制作笔录，由火灾事故调查人员和被询问人签名或者捺指印。被询问人拒绝签名和捺指印的，应当在笔录中注明。

勘验火灾现场应当遵循火灾现场勘验规则，采取现场照相或者录像、录音，制作现场勘验笔录和绘制现场图等方法记录现场情况。对有人员死亡的火灾现场进行勘验时，火灾事故调查人员应当对尸体表面进行观察并记录，对尸体在火灾现场的位置进行调查。现场勘验笔录应当由火灾事故调查人员、证人或者当事人签名。证人、当事人拒绝签名或者无法签名的，应当在现场勘验笔录上注明。现场图应当由制图人、审核人签字。

现场提取痕迹、物品，应当按照下列程序实施：

量取痕迹、物品的位置、尺寸，并进行照相或者录像；

填写火灾痕迹、物品提取清单，由提取人、证人或者当事人签名。证人、当事人拒绝签名或者无法签名的，应当在清单上注明；

封装痕迹、物品并粘贴标签，标明火灾名称和封装痕迹、物品的名称、编号及其提取时间，由封装人、证人或者当事人签名。证人、当事人拒绝签名或者无法签名的，应当在标签上注明。提取的痕迹、物品，应当被妥善保管。

根据调查需要，经负责火灾事故调查的公安机关消防机构负责人批准，可以进行现场实验。现场实验应当照相或者录像，制作现场实验报告，并由实验人员签字。现场实验报告应当载明下列事项：

实验的目的；

实验时间、环境和地点；

实验使用的仪器或者物品；

实验过程；

实验结果；

其他与现场实验有关的事项。

（三）检验、鉴定

现场提取的痕迹、物品需要进行技术鉴定的，公安机关消防机构应当委托依法设立的鉴定机构进行，并与鉴定机构约定鉴定期限和鉴定检材的保管期限。公安机关消防机构可以根据需要委托依法设立的价格鉴证机构对火灾直接财产损失进行鉴定。

有死亡人员的火灾，公安机关消防机构应当立即通知本级公安机关刑事科学技术部门进行尸体检验。公安机关刑事科学技术部门应当出具尸体检验鉴定文书，确定死亡原因。

对火灾受伤人员人身伤害的医学鉴定由法医进行。由在卫生行政主管部门许可的医疗机构具有执业资格的医生出具的诊断证明，可以作为公安机关消防机构认定人身伤害程度的依据。但是，具有下列情形之一的，应当进行医学伤害鉴定：

受伤程度较重，可能构成重伤的；

火灾受伤人员要求作鉴定的；

当事人对伤害程度有争议的；

其他应当进行鉴定的情形。

对受损单位和个人提供的由价格鉴证机构出具的鉴定意见，公安机关消防机构应当审查下列事项：

鉴证机构、鉴证人员是否具有资质、资格；

鉴证机构、鉴证人员是否盖章签名；

鉴定意见依据是否充分；

鉴定是否存在其他影响鉴定意见正确性的情形。

对符合规定的鉴定意见，可以作为证据使用，对不符合规定的，不予采信。

（四）火灾损失统计

受损单位和个人应当于火灾扑灭之日起七日内向火灾发生地的县级公安机关消防机构如实申报火灾直接财产损失，并附有效证明材料。

公安机关消防机构应当根据受损单位和个人的申报、依法设立的价格鉴证机构出具的火灾直接财产损失鉴定意见以及调查核实情况，按照有关规定，对火灾直接经济损失和人员伤亡进行如实统计。

（五）火灾事故认定

公安机关消防机构应当根据现场勘验、调查询问和有关检验、鉴定意见等调查情况，及时作出起火原因和灾害成因的认定。

对起火原因已经查清的，应当认定起火时间、起火部位、起火点和起火原因；对起火原因无法查清的，应当认定起火时间、起火点或者起火部位以及有证据能够排除的起火原因。

灾害成因的认定应当包括下列内容：

火灾报警、初期火灾扑救和人员疏散情况；

火灾蔓延、损失情况；

与火灾蔓延、损失扩大存在直接因果关系的违反消防法律法规、消防技术标准的事实。

公安机关消防机构在作出火灾事故认定前，应当召集当事人到场，说明拟认定的起火原因，听取当事人意见。当事人不到场的，应当记录在案。

公安机关消防机构应当制作火灾事故认定书，自作出之日起七日内送达当事人，并告知当事人有向公安机关消防机构申请复核和直接向人民法院提起民事诉讼的权利。无法送达的，可以在作出火灾事故认定之日起七日内公告送达。公告期为二十日，公告期满即视为送达。

公安机关消防机构作出火灾事故认定后，当事人可以申请查阅、复制、摘录火灾事故认定书、现场勘验笔录和检验、鉴定意见，公安机关消防机构应当自接到申请之日起七日内提供，但涉及国家秘密、商业秘密、个人隐私或者移交公安机关其他部门处理的依法不予提供，并说明理由。

（六）复核

当事人对火灾事故认定有异议的，可以自火灾事故认定书送达之日起十五日内，向上一级公安机关消防机构提出书面复核申请。复核申请应当载明复核请求、理由和主要证据。复核申请以一次为限。

复核机构应当自收到复核申请之日起七日内作出是否受理的决定并书面通知申请人。有下列情形之一的，不予受理：

1.非火灾当事人提出复核申请的；

2.超过复核申请期限的；

3.已经复核并作出复核结论的；

4.任何一方当事人向人民法院提起诉讼，法院已经受理的；

5.适用简易调查程序作出火灾事故认定的。

公安机关消防机构受理复核申请的，应当书面通知其他相关当事人和原认定机构。原认定机构应当自接到通知之日起十日内，向复核机构作出书面说明，并提交火灾事故调查案卷。

复核机构应当对复核申请和原火灾事故认定进行书面审查，必要时，可以向有关人员进行调查。火灾现场尚存且未变动的，可以进行复核勘验。复核审查期间，任何一方当事人就火灾向人民法院提起诉讼并经法院受理的，公安机关消防机构应当终止复核。

复核机构应当自受理复核申请之日起三十日内，作出复核结论，并在七日内送达申请人和原认定机构。原火灾事故认定主要事实清楚、证据确实充分、程序合法，起火原因和灾害成因认定正确的，复核机构应当维持原火灾事故认定。原火灾事故认定具有下列情形之一的，复核机构应当责令原认定机构重新作出火灾事故认定：

1.主要事实不清，或者证据不确实充分的；

2.违反法定程序，影响结果公正的；

3.起火原因、灾害成因认定错误的。

原认定机构接到重新作出火灾事故认定的复核结论后，应当重新调查，在十五日内重新作出火灾事故认定,并撤销原火灾事故认定书。重新调查需要委托检验、鉴定的,原认定机构应当在收到检验、鉴定意见之日起五日内重新作出火灾事故认定。原认定机构在重新作出火灾事故认定前,应当向有关当事人说明重新认定情况;重新作出的火灾事故认定书,应当按照本规定第三十三条规定的时限送达当事人,并报复核机构备案。

三、火灾调查的模式

按照我国现有法律法规规定,我国目前火灾事故调查的主要运行模式,是火灾事故调查由公安消防机构等相关职能部门认定火灾原因;确定火灾的责任,对事故的责任人进行处理,对火灾事故产生的损失进行核定。公安消防监督人员为火灾事故调查的主体,对火灾事故开展火灾原因的调查。我国现有的火灾事故调查模式是"政企"合一的模式,这种模式具有不可回避的一些弊端:第一,使不可诉的火灾原因认定变成了可诉的行政行为;第二,这种调查模式集责任事故认定和处理为一体,不利于监督;第三,混杂了行政职权的特点,制约了火灾技术鉴定的发展。

我国的火灾调查模式在不断改革和发展,和国外的火灾调查模式比较既有相同点也有不同点,从火灾调查的目的、主体、程序、方法、任务、结果等方面比较了中国、日本、美国、俄罗斯的火灾调查模式的一些相同点和不同点。从表中可以看出这几个国家的调查模式整体上是相似的,但是中国火灾调查的目的不够明确;火灾的调查过程中还要认定火灾的责任;火灾调查没有第三方中介机构的参与;火灾调查的结果可能引起行政诉讼。火灾调查模式发展变革应该进一步展开。

表2-1　几个国家火灾事故调查模式比较

国家	目的	主体	程序	方法	任务	结果
中国	不明确	消防机构	无明确规定	现场勘查,调查范围,分析鉴定	查明原因,核定损失,认定责任	要引起行政诉讼
美国	总结经验教训	消防机或其他国家机构和中介机构	明确	现场勘验,分析鉴定	查明原因,统计损失	不引起行政诉讼
日本	总结经验教训	消防机构或其他国家机构和中介机构	明确	现场勘验,调查访问,分析鉴定	查明原因,统计损失	不引起行政诉讼
俄罗斯	总结经验教训	消费机构或企业事业单位	明确	现场勘验,调查访问,分析鉴定	查明原因,统计损失	不引起行政诉讼

第二节　基本方法

一、调查询问

调查询问的目的是为现场勘验提供线索,帮助分析痕迹与物证,帮助发现痕迹、物证,为分析判断案情提供证据。

（一）调查询问必须及时、全面、细致、客观、合法

调查询问是一项涉及面广、时间性强、要求严格的工作。火灾发生后，凡是参与灭火或抢救物资的群众大都处在紧张的奔忙状态中，对于火灾初期或灭火、抢救物资中发现的某些情况，其记忆和印象往往为这种紧张心理干扰、排斥，时间稍长即被淡化。因此，应该抓住人们对火场情况记忆犹新的时机，及时开展调查询问，以保证获取比较准确的情况。所以，火灾事故调查人员接到报案后，应当尽快赶赴火灾事故现场，抓住火灾事故发生不久、报警人和初期火灾见证人记忆犹新的有利时机，及时收集证据。

如在一起火灾中，当时现场的火调人员找到起火部位，却无法确定起火源，导致火灾原因无法认定。而他认定起火部位的依据是当事人说在晚上起床时发现该部位有火在燃烧，并没有其他直接物证。事实上，心理恐惧的人极易产生倾向性错误，如把光亮处当做大火，把木材燃烧的劈啪声当做爆炸、倒塌的声音等，并有快速离开现场的想法，所以很有可能其未完全看清，不能据此判断起火部位。在实际工作中必须多了解几个当事人，综合询问情况，并做详细的现场勘察，才能判断起火部位，进而确定起火点及原因。

（二）调查询问应确立重点对象

火灾事故调查询问的主要对象一般有以下9类人员：最先发现起火的人和最先报火警的人；最后离开起火部位的人或在场工作人员；熟悉火场原有情况的人；熟悉生产工艺流程的人；火灾事故肇事者、责任者和起火单位的有关领导或受灾事主；最先到达火场扑救的消防队员和群众；起火单位当班人员或保卫人员；相邻单位目击者和附近群众；其他与火灾有关联的人员。了解火灾现场情况或与火灾有关的人都应成为火灾调查对象，都可以充当证人。但是，下列被调查者的证言不能当证据使用：没有辨别能力的幼儿；完全性精神病人和智力障碍者（间歇性精神病人在精神正常时证言可作为证据）；不能正确表达的人；与本案有利害关系的调查人员、鉴定人员等。需要说明的是，有些证人尽管生理上有某些缺陷（如聋、哑），但是如果能够正确表达，其证言仍可作为证据使用。

（三）调查询问应确定重点内容

当确定调查询问对象后，应针对不同的对象侧重不同的调查重点，总体来说应紧紧围绕以下几个问题进行调查。

1. 要查清火灾发生的时间

准确认定起火时间是正确判定起火原因以及火灾性质的重要条件，具体分析判断起火时间可根据消防队接到报警的时间推断，同时也可以根据火场附近的群众发现火光和烟雾的时间、事物状态变化、建筑类型及火场上物体燃烧程度来推算起火时间。如根据照明熄灭时间，电视机停电时间及电钟、仪表等停止时间及状态推算起火时间。另根据实验，木屋火灾的持续时间，在风力不大于 0.3 m/s 时，由起火到倒塌，约 13～14min。其中起火到猛烈发展阶段的时间为 4～14min，由猛烈发展到倒塌为 6～9min。砖木结构建筑火灾的全过程所用时间比木屋建筑火灾所用的时间要长。

2.查清起火部位和起火点，调查火灾的起火原因

（1）要正确认定起火部位进而确定起火点。

起火部位包含着起火点。第一个发现起火的人、最先参与扑救的人、从火场中逃生的人等提供的火灾初期情况，对认定起火部位、起火点往往具有关键性作用。

（2）根据物品燃烧情况判定起火部位和起火点

在一般火灾现场，起火点及其附近的物品烧得严重，距起火点远的物品烧得较轻，但是有的易燃物燃点低，如酒精、汽油等，它们在遇到一定温度或明火时，会迅速发生燃烧，有时还能引起爆炸，破坏性能大。这种剧烈的燃烧或爆炸造成的后果，比起火点物体燃烧的破坏更为严重。有时火灾现场也可能有几处起火点，这就要从故意放火、自燃、雷击、大风天气造成飞火等方面进行考虑。

（3）根据引火物、火源所在位置确定起火部位和起火点

火灾现场常常会保留一些引火物或火源的残体、碎片或灰烬，这些物品所在的位置或者其着火前所在的位置一般就是起火点。例如，火灾尚不太严重的火场残留烟头或烟头灰烬，烧毁严重的火场一般有金属产品残片，如电熨斗、电烤火盆、插座等用电设备，当认定由于上述物品引起火灾时，它们所在位置就是起火点。

（4）根据现场痕迹认定起火部位和起火点

可以用作判断的主要现场痕迹包括烟熏痕迹、倒塌痕迹和炭化痕迹。

烟熏痕迹。根据烟熏痕迹的走向，可从烟痕的逆端寻找起火点。如果房屋吊顶部分的墙体内表面砖缝、凹坑内有较浓重的烟熏痕迹，而吊顶以下室内墙体表面没有明显的烟熏痕迹，起火部位可能在吊顶内。反之，说明室内先起火。

倒塌痕迹。在火灾蔓延过程中，有的烧毁的物品会向起火点方向倒塌，其倾斜方向就指明了起火部位和火灾蔓延的方向。

炭化痕迹。如果是木制材料着火燃烧，可通过比较木材表面的炭化程度，判定起火部位和起火点。木制门、窗如果正面迎火，烧毁较重，炭化层较深的一面是迎火面。炭化深度测量应在整个房间的同一高度上进行比较，再向同一高度其他炭化位置测量，以能测出炭化最深的位置，这个位置一般就是起火点。

3.要查清火灾现场起火前和起火后的情况

查明火灾现场起火前的情况。目的是把它与发生火灾后的现场情况进行对照，从中找出可能引起火灾的疑点。其中包括了解建筑物的平面和立面布置、建筑构件的耐火性能、房屋用途和屋内陈设；了解建筑物室内物品的摆设位置，其长、宽、高、间距及物品本身的自燃能力；了解建筑物室内是否按规定配备了符合要求的消防器材和设施等；了解火源和电源情况，对火源是否有人监护，离人时是否采取过可行的防护措施，其使用期限长短和使用负荷是否正常等；了解物资储备情况，起火的房间或仓库是否有自燃性物品或性能相互抵触的化学物品，可燃物品与火源的关系，室内温度、湿度是否恰当，通风是否良好等。

查清起火后的火灾现场情况是为了把它与起火前的现场情况进行对照，从而给火灾原因调查确定一个比较明确的工作方向。主要是调查清楚可燃物被烧的轻重程度、不可燃物变形、变色及至倒塌痕迹、物质燃烧图形特征等；调查清楚可能与起火有关的人员的动态，看有无反常

表现；调查清楚火灾现场有无可疑痕迹或不应有的可疑物品的存在；调查清楚起火时和起火过程中出现的光、声、味、烟雾颜色变化以及风向、风力的变化情况；调查清楚消防队员和群众在扑救过程中采取了哪些具体措施。

二、现场勘查

火灾现场勘察，是指公安消防机构在法律规定的范围内，利用科学的手段和调查研究的方法，对火灾有关的起火场所、物体、尸体等进行实地勘验，查找、鉴别、提取能证明火灾原因物证的过程，是发现、研究、提取火灾证据的重要手段，也是查明火灾原因的重要途径。火灾现场勘查一般分环境勘查、初步勘查、细致勘查三个步骤进行。

（一）环境勘查

环境勘查是火灾调查人员对火灾中心现场和其外围、周围与火灾原因有关联的所有场所、部位及相关的设施、物体进行巡视和观察的过程。环境勘查是开始实地了解、掌握整个现场的重要环节，是收集火灾证据的重要阶段之一。环境勘查的方法有沿火场外围巡行观察和选择制高点对火场进行观察两种方法，有条件时两种方法应结合使用。了解火场所处的位置，观察火场周围的工厂、居民区、道路情况，调查附近有无可能引起火灾的设施，如有大型工厂，还应检查有无烟囱及其使用燃料的种类，当时的风力风向，烟囱有无飞火现象，判断是否由外部火源引起火灾。同时还要细心观察火场外围是否有可疑的车迹、足迹、攀登痕迹等，判断有无放火可能。

（二）初步勘查

初步勘查是不移动火场上的任何物体，主要从各个不同角度对火场全貌进行观察的过程，要求弄清各物体之间的相互关系及着火区域、火灾蔓延的途径、特点，以及着火建筑物的状况，初步确定起火部位。其主要内容有：观察有无纵火的痕迹和物证；不同部位各物体的烧损情况，同一物体不同方向的烧损情况；建筑物及其他构件倒塌的部位、方向和原因；爆炸抛出物的名称、位置、分布、距离、数量、体积和重量；金属、玻璃制品变形弯曲及熔融情况；热源、电源、火源的位置和状态。

（三）细项勘查

细项勘查主要针对火灾现场初步认定的起火部位和发现的每个疑问逐一进行重点勘查，以确认具体的起火时间、起火部位和起火点。

细项勘查的内容包括：

根据可燃物的种类、位置、形态、燃烧性能、数量、燃烧或爆炸痕迹，分析受热和燃烧方向；

根据燃烧炭化深度或烧损程度及爆炸破坏范围和程序，分析燃烧蔓延过程和爆炸扩展状态；

检查设备安全附件的完好情况，主要是安全附件有无开启的痕迹，有无火灾现象，如排气孔堵塞，弹簧过紧等，爆破口是否破裂，压力表的弹簧管是否严重变形，指针是否打弯卡住或回零，进气口是否堵塞等；

检查容器或管线等本体的破裂情况，主要包括断面观察，破裂口的形状和容器变形或碎片的检查测量以及内外壁的变化，光泽颜色，光洁程度；

根据建筑破坏情况及物品塌落的层次方向和中心点距离，分析燃烧或爆炸的顺序和程度；

建筑结构及构件的耐火性能和燃烧过程，对于勘查确定起火部位是一个重要因素。一般情况下，相同物质先起火比后起火烧得重，且先起火点因燃烧面积小，热量少，一般只有小部分烧熏痕迹，火灾蔓延后才扩大，并留有扩大痕迹；

检查烟熏痕迹，由此判定火灾的燃烧过程发展方向，一般起火点上部或附近有烟焰熏烤的明显痕迹；

分析不可燃物的烧损情况以判定火灾温度及持续的时间；

查看悬挂物掉落的位置及残存的引燃物；

根据火场中灰烬、瓦砾等覆盖层次，查找起火点；

调查人员伤亡情况，如伤亡的原因、表现、伤害的部位，火灾发生时的位置和伤亡的地点。如果怀疑起火部位已被覆盖，应在火灾调查组的指导下进行现场挖掘。在现场挖掘时，要明确挖掘目标，绘制现场挖掘图，标明挖掘的位置和范围。

对于挖掘发现的有关痕迹和物证，照相（片）、录像后，应保留在原始位置。挖掘结束后，现场勘查人员和绘图人员应在现场绘制图上签字，并注明绘图的日期、比例、说明等。

三、技术鉴定

如果通过现场勘查、调查询问仍然得不出结论，则应将从火灾现场提取的可疑痕迹物证送交公安消防机构技术鉴定部门或其委托的专业技术部门进行鉴定。对在火灾事故中死亡的人员，应当由法医进行鉴定。在火灾原因调查及现场勘查中，经常会遇到一些很复杂的情况和专门性问题，如果单靠火调人员的经验，是很难发现和取得证据的。技术鉴定是为了解决火场勘查中某些疑难问题，请有专业知识的人员就某一事实作出科学判断的鉴定结论。技术鉴定的主要任务是确定是否有某种原因引起火灾，在当时条件下能否引起火灾；起火点处的残留物中有无原来没有的易燃和可燃物质；残留物是什么物质燃烧后的产物，它的性质如何；人员伤亡的原因等等。在火灾原因调查中，技术鉴定的证明力高于其他一般书证、视听资料和证人所言，对认定结果起着重要乃至决定性的影响，所以，在火灾原因调查工作中，要重视火灾痕迹物证技术鉴定这一环节。

为了提高火灾原因认定的科学性和准确性，在技术鉴定中应注意下列问题：

首先，技术鉴定部门是公安消防机构技术鉴定部门或其委托的有条件进行鉴定的科研机关、大专院校等有关部门。鉴定人必须是具有专门知识的人，他的责任是根据专门知识和经验，就某一事实作出科学结论，即作出鉴定结论。

其次，鉴定人不能与本案有利害关系或者其他关系。

再次，当几个鉴定人对同一事实进行鉴定时，最好提出共同的鉴定结论，如鉴定人意见不一致，也可以分别提出自己的结论。

最后，还要求鉴定人员必须具有良好的职业道德，公正无私、坚持实事求是的科学态度。

鉴定结束后，鉴定人应写出技术鉴定报告，向调查人员解释分析结果，由鉴定人签名，单位签署意见并加盖印章后生效。

四、模拟实验

根据火灾事故调查规定，公安消防机构对复杂疑难的火灾事故可以进行模拟实验。为了证明在一定条件下能否发生某一事件，可以按照调查火灾原因时推断的一种或几种情况进行模拟实验。模拟实验条件必须与火场条件相一致，如果多次实验的结果相差较大，应反复实验。对于一些特殊的情况需要在现场进行模拟实验时，要注意必须在现场勘查完成且确认现场无保存必要时进行。在通常情况下，进行模拟实验首先要拟定实验方案，明确实验目的，确定实验方法和程序。其次要做好组织和物质准备工作，组织好参加实验的人员，准备好实验器材和设备。最后，实验时认真观察，做好记录，实验结束写出专题试验报告并附在现场勘查报告后。

（一）火灾模拟试验的目的

目前，火灾模拟试验在火灾原因认定中大多带有很强的目的性，归纳起来主要有以下几种：

1. 证明起火的可能性

这是最常见的一种试验目的，用来验证在特定条件下某种火源能否引起某种物质起火或某种物质在何种情况下会自燃。这类试验无论结果是肯定的还是否定的，其结论都不是完全可靠的，只是证明存在可能性，只有当结果与其他证据吻合时，才可以作为依据来使用。如某理发店发生火灾，在起火部位发现一支电烫卷发器，卷发器的金属端头有一熔瘤，且理发师承认忘了切断卷发器的电源。为此，调查人员怀疑此卷发器就是火源。后经模拟试验，所有的同类型卷发器在拆掉温控装置并连续通电12h以后表面温度仍在200℃以下，而将卷发器用明火燃烧5min45s后即出现与现场类似的结瘤现象。后经调查才得知此类卷发器的发热元件是PTC，只能达到一定的温度而不可能无限制升温。最后解剖了现场发现的卷发器，发现卷发器有两层金属管，外层结瘤而内层完好。经过鉴定，这两层金属均是合金，内层熔点620℃，外层熔点650℃。这说明火灾现场卷发器的金属端头的熔瘤是外部热源造成的，火灾不是卷发器引起的。

2. 证明起火需要的时间

这里所说的起火需要的时间是指火源接触可燃物后到发生明火的时间。确定起火时间对火灾原因的认定，特别是证人证言的真实性可以起到验证作用。某针织厂发生火灾后，经调查访问，几位工人指认听见"砰"的一声后，转头看见车间内的空压机上方的布帘子在燃烧，但经过调查人员现场勘查后认为起火点在空压机部位，与当班工人指认的位置高度差了1m多。通过对相同材质的布帘子进行燃烧模拟试验，发现此种布向上燃烧的速度非常快。通过专项勘查发现，空压机的电源接线盒中的三个接线端头有一个熔化断开，熔断线头上有熔珠，其他两个完好，最后认定是接线端头接触不良，高温引燃接线盒内的飞絮，火焰迅速蔓延到空压机旁的布帘子上再向上蔓延。当班工人听见声音后再回头看的时候，火焰刚好从空压机处燃烧到上方1m左右的地方。这就验证了当班工人的证言是真实的。

另外像一些易阴燃的材质，也可以通过模拟燃烧试验来推算起火前的阴燃时间，从而判定是否与接触（遗落）火源的时间吻合。

3. 显示某种物品起火后在现场的状态

此类试验是为了验证一些在现场发现的物品所显现的状态或者特征，是否与某种物品（火源）引起火灾后呈现的状态和特征相符，从而判断该物品是否是引起火灾的火源。如通过电熨斗内外不同的变形变色情况，可以推断是外部热源引起的还是内部原因引起的，即是否就是电熨斗引起的火灾。某商业楼发生火灾，现场起火点位置有一堆热水瓶胆碎片（呈集中堆积状），有一支热得快残骸倒在热水瓶碎片中，热得快发热管的顶端处在碎片的中央，热得快发热管的底部（连接电线一端为底部）在碎片外围，无明显变色，底部以外的其他部位发黑发青且有明显的界限。经过多次模拟试验发现，热得快在无水干烧时可引起热水瓶胆破裂并引燃塑料热水瓶壳诱发火灾。发热管的顶端总掉落在瓶胆碎片的中央，且发热管底部由于没有电热丝，基本不变色，而其他装有电热丝的部位变色严重，这与现场发现的热得快显现的特征完全吻合。而用外火燃烧的热水瓶中的热得快会掉落在碎片的旁边，且整个发热管变色情况一样。这就可以证明现场发现的热得快的状态是由无水干烧引起的。

（二）在模拟试验时应注意的问题

火灾模拟是一项能客观反映某种物质在燃烧的各个阶段发生的变化的试验，模拟试验的关键问题就是要客观、真实地再现火灾的发生或发展，因此，进行模拟试验时应注意的主要问题就是要与火场的条件相吻合。此外，大多模拟试验的结果是作为认定火灾原因的一种依据来使用的，所以试验还要规范、合法。

1. 模拟试验的环境

模拟试验环境应与原来起火的环境吻合。首先试验地点应尽量在原来起火的地方进行，如果不具备在原地进行的条件，应选择与火灾现场相同或相似的场所进行；其次，试验时的自然条件应尽量和起火时的自然条件相同或相近。因为地点和自然条件中的温度、湿度、通风、蓄热等因素直接影响到物质的点火能力和燃烧速度等，对是否能再现火灾发生时的情景至关重要。某厂房发生火灾，调查人员认为是由于粉尘被火星点燃后阴燃引起散落在上面的废纸燃烧而发生的，为了验证这种理论而做了模拟试验。选择模拟试验的地点时，因未考虑到起火前厂房内温度较高，结果试验中阴燃的粉尘无法引燃废纸。后改变试验地点，打开空调，将室温调高，阴燃的粉尘果然引燃了废纸并起火。

2. 模拟试验的试样

模拟试验的试样应采用火灾现场原有的物品，并选择未受火灾、水渍污染的，如果条件不具备，也要选择相似、相近的物品，否则试验结果的真实性就会降低。我们曾经参加过一起火灾调查，因为证据指向由热得快引燃塑料热水瓶而引起火灾，调查人员打算做一个模拟试验来验证热得快引燃热水瓶后的状态及与热水瓶碎片的位置。但由于当事人不能提供火灾现场热得快的名称、型号，甚至购买地点，所以只能买了各种品牌、各种型号的热得快。在做试验时，调查人员发现开头几个热得快在热水瓶里的水快烧干时，发热管会脱落并掉到热水瓶里，不会引起热水瓶燃烧。经过仔细研究发现这几个热得快的发热管都是插在塑料盖上与电源连接的，塑料盖的温度上升到一定程度开始熔化，发热管就会脱离塑料盖从而与电源分离，发热管温度快速下降从而不会引燃塑料热水瓶。而通过现场发现的热得快残留物明显可以看出发热管是连在一个金属盖上的，也就不会产生上述现象。调查人员立即对试样进行了调整，找到有同样金属盖的热得快，果然当热水瓶里的水只剩下5%左右的时候热水瓶胆炸裂，热得快直接接触塑料外壳，引起塑料燃烧，同时热得快向一边倾倒，倾倒后所在的位置与在现场找到的热得快倒在热水瓶胆碎片上的位置完全一致。

3.模拟试验的合法性

将模拟试验的结论作为火灾原因认定的某种证据时，一定要具有合法性。除了将模拟试验的过程以笔录、照相、录像等形式真实地记录下来以外，试验时还应注意请见证人参加，试验人和见证人应在笔录上签名或盖章。

（三）火灾模拟试验发展的方向

现有的模拟试验大部分还只用在对发热源与可燃物发生作用的研究，而且方法比较原始，不够全面，缺乏系统性和科学性。火灾模拟试验应该向规范化、系统化和科学化的方向发展，消防科技人员可以在规定火灾模拟试验程序、建立物质热变化数据库和开发火灾模拟试验电脑软件等方面加大研究力度。

1.火灾模拟试验程序

火灾模拟试验应该确定一个程序，对试验环境、试样的选用，试验人、见证人的要求，试验步骤的确定，试验结果的使用等做一个规定，使我们的模拟试验更规范、合法。对每个消防机构来讲，其应注意对模拟试验的结果进行保留并积累，这对类似火灾的调查可以起到参考作用，也将大大缩短调查时间，减少调查环节，提高调查效率。

2.火灾模拟试验数据库

火灾的发生虽然是偶然的，但火灾中许多物品在一定温度下的变化是必然的。火灾模拟试验除了在火灾发生后用来验证起火的可能性或起火后状态外，还可以由一些专门的实验室通过火灾模拟试验，把各种物质在火灾中或在不同温度作用下形成的不同特征描述下来，做成数据库或图谱，再用法律形式公布，就可以作为一种类似规范一样的法律条款。这样，在火灾调查时，调查人员把在现场发现的物品的特征与数据库（图谱）进行对照，就可以很方便地得出某些结论，而无需再一次做模拟试验或送到专门部门进行检测。比如铜在不同温度下晶粒的变化已经形成了图谱，而前面提到过的热得快在不同受热条件下的变色情况，也可以做成图谱，只要在现场找到与图谱中某种情况有相同的变色、倾倒情况的现象，就可以认定热得快与形成这种图谱的热得快经历了相同的受热方式，而无需再做试验。

3.火灾电脑模拟试验

随着科技的飞速发展，更真实的模拟火灾的技术将会得到提高，电脑也会应用到火灾模拟试验上来。这样，火灾原因认定中的模拟试验将不再是研究某个物品在火灾中的变化了，而是可以将整个建筑作为一个模拟试验来做。将起火建筑的原始情况、火灾负荷情况、天气情况等条件和火灾后现场的情况输入电脑，就可以模拟火灾的发生，从而轻松地找到起火部位和起火原因。

（四）案例分析

利用模拟实验的方法，在对火灾现场进行细致勘验的基础上，选取相似起火环境，设置相同起火物，分别从内部故障起火和外来火源引燃两个方面进行实验验证，根据实验结果，结合起火物燃烧特点，通过分析比对现有火灾痕迹，为火灾原因的最终认定提供了有力的帮助。

1. 案情简介

2019年3月14日，BY市某小区69号楼2单元1楼楼梯间内发生火灾，火灾造成直接财产损失5.5万元。起火楼梯间内放置的踏板摩托车、木桌等杂物及东、西侧墙上配电柜电表箱等被烧毁。火灾过火面积约3m²，造成2人死亡、3人受伤。

2. 火灾勘验情况

火灾当日气温－0.6℃，多云、偏东风，风速为0.8m/s，相对湿度94%，有零星雪花飘落。

（1）环境勘验

起火建筑东侧紧邻二层商铺，西临小区29号楼，间距为11.7m，南侧为楼前空地及绿化带，北临小区67号楼，间距27m。建筑主体地上6层，坐北朝南，为框架结构。建筑高度18.3m，划分为3个单元。

（2）初步勘验

发生火灾的楼梯间内放置有踏板摩托车1辆、旧木质桌1张、自行车3辆，东侧墙上设有配电柜，西侧墙上设有电表箱。该单元门为钢制子母门，单元门内一楼楼梯间可见自行车3台，东墙配电箱有明显过火痕迹，西墙电表箱已被完全烧毁，有大量线路裸露。死者王东民（化名）头南腿北趴于东西侧两台自行车中间，死者王海婷（化名）头北腿南仰卧位于死者王东民两腿之间。

（3）细项勘验

对楼梯间由南至北进行重点勘验。

单元门外部中下侧呈现"U"字型金属漆面脱落痕迹。单元门外挂有一红色灯笼，灯笼拆除后未见灯泡，单元门外有轻微烟熏痕迹。东侧门框中部有明显金属变色痕迹，两侧门框在距地面120cm处有向南突起形变。

楼梯间主梁长235cm，宽25cm，高25cm，距单元门120cm。梁底面中部有铝皮粘于梁上，梁底部西侧墙皮脱落痕迹程度重于东侧，梁中部有一尺寸为15cm×15cm的楼梯间照明灯接线盒，盒内线路外皮完全焦化。梁北侧有大片墙皮脱落，梁南侧整体有烟熏痕迹，无墙皮脱落痕迹。

除紧靠东、西墙地面楼梯间的地面燃烧残留物外，楼梯间内有大量其他物品烧损残骸。距单元门20cm处，散落有摩托车前轮碟刹及呈融熔状的铝制轮毂等物品，轮毂向南约10cm处地面上有一板状摩托车前壳及车灯残骸烧结物。烧结物向南约20cm处，有一尺寸为10cm×20cm的蓄电池，蓄电池已整体烧毁，烧毁程度上部重于下部。蓄电池向南100cm处，有一山地自行车靠于楼梯扶手，山地自行车后轮全部烧毁，前轮过火痕迹明显，前轮下部有部分车胎残留。男士自行车位于山地自行车东侧，车整体过火，后轮毂西侧变色痕迹重于东侧。

楼梯间中部距离单元门120cm处及距离梯段100cm处，分别有80cm×20cm、60cm×15cm浅坑两个。

（4）专项勘验

对楼梯间摩托车进行专项勘验。

　　该车正常长为 170cm，车把宽 70cm，车高 130cm，车尾宽 30cm，车前、后轮直径 40cm，采用汽油发动机，发动机位于车辆中后部，油箱位于车辆后部座位正下方，容积 8L。摩托车整体烧毁严重，车架未见形变，车架左侧呈蓝黑色，右侧锈蚀较重。车头处仅剩车把及前叉，车把偏向右侧，无法自由转动，车把上方悬挂有车辆残余部分线束。车前部橡胶轮胎全部烧失，前部铝制轮毂烧失呈融熔状。轮毂残骸东侧紧挨残骸处，摩托车前轮碟刹装置整体完好，垂直于地面放置，由下至上依次为金属刹车盘、桶状刹车鼓、前轮轮轴。金属刹车盘形状完好，边缘以及底部可见金属变色痕迹；桶状刹车鼓靠近刹车盘处局部烧失脱落，外壳漆面氧化变色痕迹明显，上部靠近轮轴处局部漆面脱落，露出银白色金属底色；前轮轮轴整体完好，金属变色痕迹明显。车中部发动机铝质缸头左侧部分烧失，右侧有轻微融熔，发动机上方有块状塌落物，连接马达线路右侧有裸露铜导线残存，导线上有熔珠。距离车尾 55cm 处（原车继电器处），有铁质继电器卡子焊接于车架上，卡子下部有一接线柱导线裸露。车后部橡胶轮胎完全烧失，轮毂下部部分烧失，轮毂上方两侧避震弹簧脱落，左侧避震弹簧变形情况重于右侧，右侧排气管上部铝合金有融化痕迹，下部完好。细致观察发现，踏板摩托车金属车架未见铜质导线喷溅痕迹，车架未见烧失残缺痕迹。摩托车车辆电气控制线路未发现有短路熔珠或熔痕。对摩托车蓄电池进行勘验发现，蓄电池外壳融化呈塌落状，上部烧毁情况重于下部，一侧烧毁较重，蓄电池内部电极板排列有序，基本完好，未见弯曲、鼓胀，蓄电池未见爆炸痕迹；蓄电池正、负极接线柱柱头螺丝接线插片完好，未见电蚀及熔珠附着。电瓶柱头后部线路完好，未见熔珠。

（5）电气线路专项勘验

　　勘验人员按照配电箱、电表箱的顺序，对楼梯间内的电气线路进行了整体勘验。配电箱为三相五线制接线形式，上部进户线路左侧烧损较右侧严重，上部单元总空气开关（额定保护电流为 250A）为机械断开状态，总空气开关整体烧融，内部无法打开。总空气开关下部通过铜制接线排连接单元空气开关 4 个（额定保护电流为 180A，3 用 1 备，外表形态完好有轻微烟熏痕迹），由北向南分别为一、三、二单元、备用，其中一、二单元空气开关为合闸状态，三单元为机械断开状态，备用空气开关为人为断开状态下部未接线。铜制接线排外部漆面有脱落情况，北侧脱落重于南侧，后部漆面完好有烟熏痕迹。将二单元空气开关拆解，内部接线柱均为断路状态。

　　对电表箱进行勘验，电表箱内部已整体烧毁，后部砖墙有烟熏痕迹但未破裂。电表箱内仅有裸露电气线路，所有塑料件均塌落于地面上。电表箱内左侧上部有 7 根穿墙套管，下部有 6 根穿墙套管，上、下部穿墙套管基本完好，套管内彩色入户线绝缘皮未见烟熏、融化痕迹。将所有线路延套管剪断，发现上部线路烧损程度重于下部。对线路进行拆解，单元进户线接至单元空气开关（额定保护电流为 225A）为机械断开状态，空气开关烧毁较严重，对开关进行拆解，内部接线均为脱扣状态。单元空气开关通过线扣分至 13 路（用户线为 10mm² 铜线 12 路，公用线 2.5mm² 铜线 1 路），分别接至表箱内入户空气开关（额定保护电流为 63A），再通过电表接入电路套管内。入户空气开关、电表基本烧毁，在单元空气开关至入户开关连接线路中，有一条线路上可见熔珠。对一楼楼梯间内公共线路进行勘验，线路绝缘层已炭化，剥离绝缘层后，线路为单股铜芯线挂接多股铜芯线，一根多股铜芯线呈发散状，一根多股铜芯线尾部烧熔呈尖状。

（6）火灾物证鉴定

在现场勘验过程中，提取相关火灾痕迹物证，送交天津火灾物证鉴定中心分别进行电气熔痕鉴定和助燃剂鉴定。经鉴定，电气熔痕均为火烧熔痕，且未检出汽油、煤油、柴油和油漆稀释剂成分。

（7）勘验小结

通过现场痕迹分析，结合电气线路勘验结论和火灾物证鉴定结论，重点排除了楼梯间电气线路故障引燃摩托车致灾可能和摩托车自身电气线路故障引发火灾可能，尚不能排除外来因素引燃摩托车致灾可能，为进一步确定火灾原因，模拟试验就外来因素致灾可能性进行验证。

3. 模拟试验

选取与起火建筑相同形式的某拆迁楼房1层楼梯间进行试验，实验使用车辆为翔宇牌老旧踏板摩托车一辆（车辆使用年限、电器线路、油路、型号、工作原理与烧毁车辆相似），实验目的为验证外来火源（打火机、烟头）及摩托车内部故障引发火灾可能性。

（1）使用旧电瓶模拟摩托车电线短路

摩托车修理工进行电线短路测试，将继电器线与车身搭铁（模拟短路），此时为计时0点，50秒时与继电器临近部位的塑料件开始冒烟，烟气逐渐变大，2分29秒时，线路熔断，烟气散去，电瓶没电，整个过程未发现明火。

（2）使用新电瓶模拟摩托车电线短路

摩托车修理工进行电线短路测试，将继电器线与车身搭铁（模拟短路）时为计时0点，11秒时开始冒烟，烟气逐渐变大，1分09秒时，烟气逐渐变小，2分29秒时，线路熔断，烟气散去，电瓶没电，整个过程未发现明火。

（3）模拟烟头点燃

将市售黑兰州牌香烟点燃，香烟烧至一半，将烟头明火放在挡风毯有毛的一面，此时为计时0点，7分04秒时烟头熄灭，整个过程烟头未与毯子脱离接触，毯子未被引燃。

（4）模拟人为点燃挡风毯

将挡风毯悬空挂在室内墙角，高度1.35米，用打火机将挡风毯左侧中间点燃，此时为计时0点，挡风毯刚开始微燃，2分43秒时，左侧系带被烧断，挡风毯整体向右倾斜，3分45秒时，右侧系带被烧断，挡风毯整体掉落至右侧。

（5）模拟人为点燃摩托车

使用普通打火机将摩托车上的挡风毯点燃，点火位置具体为挡风毯左侧边缘，高度1米，此时为计时0点，挡风毯刚开始微燃，1分60秒时，左侧系带被烧断，挡风毯逐渐向右倾斜，3分57秒时，火势逐渐增大，6分06秒时，挡风毯较为猛烈燃烧，6分20秒时，右侧系带被烧断，挡风毯整体掉落至摩托车头右侧，7分15秒时，摩托车车头燃烧，7分54秒时，火势非常猛烈，烟气很大，8分30秒时，摩托车整体燃烧，9分24秒时，火势蔓延至油箱，10分50秒时，发出啪的一声，火势剧烈燃烧，烟气非常大，11分47秒时，火势处于稳定燃烧状态，12分40秒时，火势逐渐下降，烟气逐渐减少且伴有砰砰的响声，13分20秒时，油箱爆裂，发出巨响声，13分58秒时，现场发出呲的异响，14分45秒时，现场又发出呲的异响，

15 分 10 秒时，烟气又突然增大，15 分 38 秒，现场发出类似鞭炮声，15 分 52 秒时，现场再次发出类似鞭炮声，16 分 19 秒时，现场发出墙皮脱落的声音，16 分 30 秒时，现场发出两声类似鞭炮声，17 分 17 秒时，现场发出噗的一声（车胎烧爆的声音），18 分时，西侧电表箱着火，18 分 08 秒时，现场发出嘶的声音，19 分 37 秒时，现场发出类似鞭炮的声音，20 分 16 秒时，轮胎烧完，21 分 37 秒时，现场发出巨响声，有跌落物，25 分用水把火浇灭。

（6）拆解分析

对与起火车辆同款的摩托车进行整体拆解比对，车辆车头外壳为 ABS 塑料制品，其余部分为普通硬质塑料。该类型摩托车除蓄电池接线柱，马达继电器接线柱为螺丝及触片外，其余线路均为接插件连接。摩托车车用蓄电池额定电压为 12V，电池上部正极线分两路，1 路 1.5mm² 多股铜芯线通过电路保险在线束中分两路分别接入点火开关及整流器中，1 路 4mm² 多股铜芯线接入车辆右侧马达继电器处。电池负极线与发动机相连接，实现摩托车负极搭铁。马达继电器上有线路四根，除蓄电池引入线外，一根出线接至发动机马达，两根控制线从线束引至点火开关。在车辆无钥匙状态，测试相应线路电压，其中马达继电器至蓄电池线路显示电压为 12.7V，马达继电器至马达线路显示电压为 0V，点火开关及整流器至蓄电池线路显示电压为 12.6V，其他线路测试，显示电压均为 0V。将钥匙转至通电状态，启动点火按钮，马达继电器至马达线路电压显示为 12V。故此类车与一般摩托车线路构造一致，在无钥匙状态下，仅有蓄电池至马达继电器，蓄电池至点火开关和整流器线路处分别带电。

第三章　火灾事故现场勘验记录

第一节　火灾现场照相

在火灾现场消防工作中，勘验照相是重要的组成部分。特别在一些火灾事故高发区域，勘验照相更具有相当重要的地位。

一、火灾现场勘验照相的作用

火灾现场勘验照相，是对火灾现场进行了解、处理与后期预防的基础工作，是火灾现场处理工作中不可缺少的一部分。其作用主要有以下几点：

（一）对火灾现场有基本的了解

在一些燃烧面积较大，涉及范围较广的火灾中，通常不能对火灾现场的基本情况有非常深入的了解，从而加大了事故处理的难度。分析勘验照相的相片，消防人员能对火灾情况进行了解，研究火灾事故处理的基本方法。同时，勘验火灾现场拍摄的照片，也可作为火灾事故的资料记录、报道，是对火灾事故进行备案的基础工作。

（二）对起火原因的记录

通常情况下，规模较大的火灾是由星星之火蔓延形成的。在现场保护不力或进行消防处理过程中，燃点处容易被破坏掉。而勘验照相则可对燃点进行记录，使现场的相关证据不会丢失。特别是在人为因素引起的火灾中，对火灾燃点的准确记录，对纵火者的抓捕具有很好的证据作用。同时，火灾现场勘验照相留下的照片，也可作为火灾后追究法律责任的重要依据。

（三）对火灾的预防所起到的作用

通过对火灾现场照相记录，可从照片中分析出火灾的起因、蔓延趋势及所造成的影响，对火灾的预防与控制有相当重要的启示作用。在现场照片的帮助下，消防部门对以后的工作更具有针对性，控制火灾的效率能更高。同时，在日常的消防宣传及防火知识普及中，也可作为宣传教育的资料，有效地提升消防宣传与教育工作的质量。

二、火灾现场勘验照相的具体流程

火灾现场有许多重要地点和设施，非常容易在火势蔓延与灭火过程中受到破坏，因此，现场的勘验照相应尽可能深入，对火灾的发生、扑灭及事后调查过程都应有非常详细的记录。火灾现场勘验照相包括环境勘验照相、初步勘验照相、细项勘验照相及专项勘验照相。

（一）对火灾现场环境概况的拍摄

火灾发生威势非常巨大，如果没有对现场情况进行及时记录，可能丢失最为宝贵的影像数据。因此，需要从事勘验照相的人员，第一时间到达火灾现场，对周围环境的概况进行简要拍摄。要注意拍摄效果，尽量让火灾蔓延的初期现场全貌得到良好记录。最好取用广角镜头，将现场全貌纳入镜头拍摄。

（二）对火势蔓延与灭火扑救情况的拍摄

对火势蔓延及灭火情况进行拍摄，是为了对火灾现场报道提供资料，亦可为火灾扑灭工作总结与改进提供依据。对火势蔓延情况，应实时跟踪拍摄。对火灾的发展进行动态拍摄。对灭火人员可用第一视角与第三视角拍摄。用第一视角拍摄，可让灭火扑救过程更加生动、深入地得到展示；用第三视角拍摄，可让灭火情况更加客观、全面地得到反映。

（三）对火灾损失情况的拍摄

对火灾损失情况的拍摄，是现场勘验照相中最为繁琐的工作。它包括建筑物受到的破坏、财物被烧毁情况及人员伤亡情况等。由于火灾事故涉及的损失内容非常繁杂，因此，在拍摄时要注意拍摄的全面性，对火灾损失全貌与细节都有非常准确的记录。特别是在火灾现场中受到破坏的微小贵重物件，更要采取相应措施拍摄，不要漏掉。在光线较为阴暗的地方，可配光拍摄，保持现场的清晰度。对人员伤亡情况拍摄时，需更为细致，除了对其基本面貌及烧伤状况拍摄外，还要拍摄现场伤亡人员服饰内的打火机、火柴等易燃物品，以利对起火原因分析。

（四）对其他遗漏位置的拍摄

在火灾现场中，可能遗漏拍摄的地方非常多，包括起火部位、起火源等。特别是一些火灾现场，其起火源往往是火柴棍、烟蒂等非常微小的物品，与整个火灾现场相比，这样微小物品很难被发现，稍有疏忽，就可能被遗漏掉。在拍摄这类易被遗漏的物品或区域时，要采用小光圈，尽量保证拍摄的清晰度。另外，较为常见的火灾源头是漏电的线头，这类火灾源头往往容易被忽视，要对火灾现场的电路进行梳理拍摄，以便为找出火灾发生原因提供参考。

（五）拍摄资料的保存

对火灾现场各项资料拍摄完毕后，要对拍摄影像进行保存，以便为后续的火灾处理提供依据。保存时，首先要对照片进行编辑，让照片图像内容与火灾全貌、火势蔓延、扑救工作、起火源头及火灾损失等情况一一对应，避免错位；其次，不要对火灾现场拍摄资料作任何修改，保证火灾现场图像的客观性和准确性；最后，将拍摄资料封装保存，注意保存的有序性与密封性，尽量不要出现拍摄资料丢失或受损。另外，没有被保存的拍摄资料，最好能另外存放在某处，以便资料不足时备用。

三、火灾现场物证照相技巧

（一）火场痕迹物证照相的用光方法

火场痕迹物证照相常用的光源有手电筒、聚光灯和强光灯、闪光灯、自然光，用光方法有以下几种：

1.平光法

平光是没有阴影的均匀光，平光法是在被拍物体的两侧用功率相同的光源，以45°的光照角度照向物体，照相机镜头主轴垂直被除数摄平面从正面进行拍照，这种方法适合拍照平面物体上反差较强的有色痕迹。

2.侧光法

侧光法是用小于45°光照角度的单向光线，从被摄物体的一侧进行照射，因痕迹高低起伏而构成的凹凸花纹，从而清晰地反映出痕迹的影像和特征的方法。

3.反射照相法

通常利用反射光进行拍照的方法叫做反射照相法。所谓反射照相法是根据光与物质的相互作用原理，通过充分运用承痕体表面与痕迹表面对光反射性的差异，以增强二者之间的亮度差来显示微弱痕迹的拍照方法。

4.透射拍摄法

利用透射光进行拍摄的方法，叫透射拍摄法，透射拍摄法是运用光的透射特性，利用物体本身对光线的透射程度和阻光程度的差异来显示痕迹的一种拍照方法。它主要适用于遗留在透明或半透明物体表面上的无色或不易看见的微弱痕迹。

（二）火场常见痕迹物证照相实践

1.正确进行曝光

补偿火灾现场多表现为房裂屋塌、物品烧毁、设备毁坏，到处都是烟熏火烤的迹象。燃烧痕迹的特点是色调比较单一，常以黑、灰为主，色阶过渡复杂细微，特别是物证，多经火烧烟熏、高温，甚至氧化。拍摄小的局部火场物证、痕迹，也需要控制照片的影调、层次、色彩、质感的表现。否则，照片上出现的就会黑一块、白一块，或是黑白层次不清的一片黑。为达到最佳拍摄质量，一般需要进行曝光补偿，即：增加曝光计给定的曝光量，或减少曝光计给定的曝光量。一般相机采用的多是平均测光或偏重中心权衡测光，高档的相机还具有点测光功能。

（1）曝光补偿量的确定方法

利用点测光测出主体的曝光数据。当主体与背景景物亮度相差悬殊（如灰黑色墙壁上的银色电话机）时，如相机具有点测光的功能，就可以用点测光对准主体的受光面、背光面，权衡出准确的曝光组合（或采用手动方式的曝光组合），比较出与平均测光数值的差，来确定增加（或减少）曝光的级数。

灰板法。用18%的灰板，放在与被摄主体相同的光线条件下，测得准确的曝光量，此时与实测景物的曝光量比较出来的级差，就是应当补偿的曝光量。如果没有灰板，将柯达彩卷塑料暗盒盖（颜色为18%灰）拼起来，也可代替灰板使用。

经验法。如：拍炭化木材时减二挡等。

括弧曝光法。在预定的曝光组合之外，再用+2、+1、-1、-2的曝光补偿值各拍一张，从中选出最好的。

（2）进行补偿的方法

利用相机的曝光补偿盘（钮）。专业型相机一般都有曝光补偿盘（钮），有的在倒片手柄外围，上面刻有"+""0""-"等，补偿范围一般为 ±2 挡。补偿级数有的以 1/2 挡划分，也有以 1/3 挡划分的。确定曝光补偿量后，相应地旋转补偿盘，即可实现曝光补偿。

利用曝光记忆锁。如果被摄主体反射率接近 18% 灰，而背景过亮或过暗，可以把相机靠近被摄主体，测光后按下曝光记忆锁，然后退后、构图、拍摄。注意按下快门前不要放松曝光记忆锁，拍照后，松开手指。补偿自动解除。

使用闪光灯的曝光补偿。对无 TTL 功能的自动闪光灯，通过相机前的自动电眼测定准确的曝光量。如果被摄主体反射率距 18% 灰差别较大，要进行曝光补偿，补偿的办法是调整自动光圈的搭配。比如闪光灯拨到 F8 的自动挡上，把镜头光圈拨到 F4，就增加了两档曝光量，镜头光圈定在 F16 上，就减少了两档曝光量。还有一个办法就是调整自动闪光灯上的感光度盘，通过自动闪光灯和镜头光圈的级差进行补偿。对有 TTL 闪光功能的相机可以通过计算射在焦平面上的光线强度来控制信号。因此，进行曝光补偿一般可采取转动曝光补偿盘和进入低调（减少曝光量）或高调（增加曝光量）程序两种方法。

2. 微距拍摄技巧

微距摄影是采集火灾现场的细小痕迹物证常用的方法，如拍摄火柴、烟蒂，电气火灾中的短路点、熔痕、熔珠，放火现场的引火物、作案工具及相关的门窗门锁撬压痕迹、血迹、脚印、指纹，液化气火灾中的泄漏点、阀门等体积相对较小的痕迹物证。对于具有微距拍摄功能相机应通过说明书了解其操作方法，并且要了解微距的拍摄范围。相机和物体之间的距离必须在规定的范围之内，否则无法准确对焦。微距摄影中，为了展现物体的细节多采用小光圈。

光圈小，快门相对就慢，为防止微距摄影时出现相机震动、聚焦不当或光线不准确等问题，应使用三脚架稳定相机。在光线上的运用上为了克服自然光线的不足或光线照射位不当，除了闪光灯外，可以用手电筒及白色泡沫板（充当反光板）补光。

景深在微距摄影中往往是成败的关键，而光圈的大小则直接影响到景深，不同的光圈和焦距的组合可以产生不同的景深。

在焦距不变的情况下，光圈大景深浅；光圈小景深大。一般为了展示痕迹物证的微距拍摄，适宜用较小的光圈值以加深景深，而加深景深的目的就是纵向增加主体的清晰度。微距摄影的光线控制本质上是调节自然光与人造光的比例，在进行微距拍摄时，要尽量确保光线平均地照射在被摄物体上，并注意观察光线的照射方向。在大多数情况下，从侧面射入的光线能更好地突出物体的质感，因此需要根据光线的方向随时相应地改变拍摄角度。

3. 几种特殊情况下痕迹的拍摄

（1）透明玻璃上指纹的拍摄

在不损坏其他痕迹的前提下，将玻璃擦拭干净，然后放置在黑暗环境中。用无光黑纸遮住不需要拍摄的部分，取光灯从玻璃一面侧向照射指纹部位，通过透射光摄影。陈旧或无色汗液指纹则用反射光拍摄。透明玻璃上的立体灰尘指纹，如果灰尘较淡且指纹周围和玻璃背后可以擦拭干净，也可透光拍摄。玻璃较脏，积灰较厚的立体灰尘指纹，需用侧光拍照，即把光源置于玻璃前面，以 15° 左右的侧角照射拍摄。

（2）圆柱体侧表面上痕迹的配光拍照

对此类物体，常采用均匀的柔和光，光线的投射方向与圆柱体纵轴平行，这样可以消除由于光源的照射而产生的反光带，反光带的产生，是光源通过圆柱体侧表面镜面而形成的，其可以利用圆柱两侧衬以白纸或其他反光物体产生，也可以利用清一色天花板来产生，然后根据痕迹的特点进行拍照。

（3）弯曲圆柱体凹表面上痕迹的拍摄

拍照弯曲凹表面上的痕迹时，应根据圆柱体反射光线的特点以及痕迹落在弯曲部位的形态特点来配光，配光时要注意弯曲部位的反光。通常的做法是在平行弯曲圆柱体凹表面部位的上方，从两端各配两盏灯，以和凹表面 5° 左右的角度照射痕迹进行提取。

（4）球形物体表面上痕迹的配光拍摄

拍照球形物体表面上痕迹，要用 3~4 只灯，以 20° 左右的角度照射被摄物体，灯前需挡上纱布，光线柔和。

（5）小型圆柱体上痕迹的配光拍摄

拍摄留在小棍、小棒或钢笔等小型圆柱体上的痕迹，例如指纹，由于承痕体直径小，使用通常的拍照方法，提取成功率低。可使用专门设备，形成一幅平面照片，这样就可以将遗留在小型圆柱体上的指纹痕迹清晰地拍下来。

第二节　视频监控录像

一、视频监控录像的特点

视频监控能够对火灾现场进行实时有效的监控，并且反映火灾的实时情况。那么视频监控有哪些特点呢？具体如下：

（一）结构清晰简单

视频监控系统的服务器通过软件管理的平台来实现模拟系统中的视频矩阵、画面分割器等设备的众多功能，并且通过电脑硬盘来实现录像功能，使系统的结构具有简单化、集成度高的特点。

（二）管理应用简便

数字安防监控设备使用的是计算机和网络设备，绝大部分系统的控制管理性能都是通过电脑来实现的，不需要用到模拟系统中众多繁杂的设备，减轻了操作维护管理人员的工作强度，提高了工作的效率。

（三）强大的操作功能

视频监控设备具有很多种功能，主要包括了多种显示模式、多种巡警模式、实时、定时、报警触发、随时启动和停止等多种录像的方式，还有图片的抓拍打印、智能快速录像回放的查询等等。

（四）监控的查询简便

全数字化网络视频集中的监控模式是基于网络的特性。不需要增加其他的设备投资，网络上的远程监控或者本地监控中心都可以进行实时监控、录像或者是任意回放一个或多个视频监控现场的画面，经过了授权的联网电脑同样也可以实现监控的功能，这避免了地理位置间隔原因造成监督管理的不便和缺位。

（五）极高的安全能力

图像使用了掩码的技术，防止出现非法篡改录像资料的情况；网络上的任何一个经过了授权的电脑都可以对录像进行备份，可以有效地防止恶意的破坏；如果网络不幸出现断网的情况还可以对录像进行缓存，可以有效地保护视频数据，防止丢失；视频的终端主机还具有报警、授权分级管理以及强大的日志管理功能。

视频监控对于录像具有的特点是什么？具体如下：

1.实时的动态性

视频监控系统可以将现场的情况准确地记录下来，同时还能通过动态的形式，连续地反映出现场的全部情况，让调查员看到此视频时能够有一种如临其境的感觉，让其快速地感知现场的情况，并且做出解决的方案。

2.客观的真实性

视频的监控技术利用了计算机的技术，能够将现场的全部情况真实、准确地反映出来，让其能够减少受到因素影响的范围。计算机技术的真实性决定了视频监控系统的较强证明力。

3.连续完整性

视频监控系统所监控出来的画面具有动态、连贯的特点，与静态、片段的图像比起来更具有感染力，能够充分、详实地表现出现场的信息，帮助调查员分析、辨认。

4.处理的简便性

视频监控系统连接到了电脑上面，通过鼠标与键盘就能对监控的画面进行切换，甚至还可以根据自己的要求来查询录像。对现场的视频可以快放、慢放、重复放以及定格、打印等处理，以此来满足调查员的需求。

5.储存的长期性

视频监控系统对录像还可以进行长时间的数字化图像的记录，供相关人员对历史的录像视频进行查询。

二、视频监控录像在火灾调查中的应用方法

（一）从视频监控录像中直接获取起火的原因

人们往往都找不到起火的原因，自从出现了监控视频系统，并且其被应用到了火灾当中，有关人员在对视频进行查询时，有一些明显记录大火发生的信息可以将其记录下来作为起火的重要证据。

（二）从视频监控录像中挖掘潜在的火灾信息

如果在进行监控时找不到起火点或者起火的部位，可以通过查看起火点以及起火部位的周围或者不同方位的视角来进行。特别要注意的是，在进行查询时，要将目光重点地放在浓烟、火光以及火焰最先出现的地方，关注烟雾的走向和火焰的颜色。因为火灾发生的时候很有可能

会存在着潜在的信息，所以一定要注意在火灾发生前后人员的流动、出入情况，并且还要将出入的时间及所走的路线也要准确记录下来，因为可疑的人员会有着异于常人的举动，所以记录的数据可以帮助到调查人员，配合他们的行动。不仅如此，还要充分捕捉监控中所反映出的信息，及时分析与研究，挖掘出视频中潜在的信息。调查人员在对监控视频进行查询时，如果遇到不准确的地方还可以反反复复地查看，确保获取到的信息真实有效，最后再结合所分析出的结果勘查现场。

（三）从对比分析中摄取有关的火灾信息

视频监控系统并不是一点瑕疵都没有的，尤其是应用在火灾的现场。在查看监控时，会因为分辨率较低以及夜晚光线黑等因素的影响，无法判断出火灾的起火点、起火物和烟雾的位置，并且无法了解到其中的信息。再者还有一方面的原因可能是调查员进行了长时间高强度的工作导致了视觉上出现疲劳，无法准确地获取信息，因此可以进行视频比对分析。怎样来对比呢？可以将起火前与起火后的视频画面来进行对比，或者是白天与黑夜的视频画面进行对比，但是不能单单对视频画面进行对比，还要将多个时段、多个画面与某一个局部对比分析，从而获取更准确的信息，掌握起火的位置及物品。

三、视频监控录像辅助火灾调查的应用原则

（一）必须尽可能在现场周围寻找有效的监控点

无论是火灾现场还是其他的施工现场，要想更好地对现场的情况进行实时监控，选对监控的地方非常重要。监控点离火灾现场越近，对起火点、起火物、起火部位的认定就越准确，还能确定烟雾、火焰的颜色以及形态运动的方向，对现场人员的出入、嫌疑人的形态体貌特征和举动都能够起到很好的作用，让调查人员获取更准确的信息。众所周知，火灾在发生时，如果救援不及时，那么对物体和周围的环境破坏程度是非常大的，尤其是在一些大跨度、大面积地破坏现场。因此监控点位置的选择是非常重要的，能够快速地判断出火灾的起火点的位置，缩短调查的范围和时间。调查人员在勘查现场的情况时应该严格检查周围的监控设备，如果检查不仔细，可能会导致现场的情况更加糟糕。

（二）必须尽可能地获取完整的监控资料

火灾的蔓延程度有快有慢，那么在实际的火灾中，调查人员应该将观看监控视频的时间延长，才能够完整地查阅录像，要把查看的重点放在火灾冒烟的时间、颜色，以及烟雾气体的飘散的高度、运动的方向，还有明火出现的位置、时间，这些内容都能够更好地为事故提供抓手。延长视频观看的时间，其好处就在于能够准确掌握火灾情况，同时还能够了解到火灾现场人员的流动以及行动的轨迹。嫌疑人一般在作案之前都会事先去现场踩点并了解一下现场的情况，然后到了完全没有人的时候才开始行动，这中间肯定会有间隔，那么调查人员在调查时一定要将时间往前推大约 $1\sim2$ 个小时，如此可以获取嫌疑人的重点资料，为刑侦部门单位提供有力的证据。

四、典型案例

从一起重大火灾事故调查案例出发，分析视频监控录像证据在案件调查工作中的证明作用。进一步探讨视频监控录像在火灾调查工作中的证明价值和运用方法，包括视频监控录像证据分析的目的和作用、证据的采集、证据的审查以及证据的分析运用，以期为视频监控录像应用与火灾调查工作提供参考。

（一）案情简介

2019年12月15日，HN省某县一歌厅发生爆炸引起火灾，过火面积123m²，一至三层存在不同程度过火或烟熏。火灾造成12人死亡，28人受伤。经调查，该起火灾事故的起火原因为歌厅吧台内使用的电暖器近距离高温烘烤大量放置的罐装空气清新剂，导致空气清新剂爆炸燃烧引发火灾。在该起火灾的调查认定和技术调查过程中，视频监控录像发挥了重要的证明作用。

（二）视频监控录像

经调查，该起火灾中，起火歌厅设置的视频监控系统保存完好，提供的证据资料较为全面，周边其他监控录像证明价值不强。因此，笔者仅对单位内部视频监控录像的运用进行分析介绍。

1. 建筑基本情况

起火歌厅所在建筑地上4层，局部5层，砖混结构，建筑主体高度14.3m，局部高度17.3m，南北长25.8m、东西宽13.8m，耐火等级二级。建筑一至三层为歌厅，四、五层为员工宿舍和杂物间。建筑内共设置3个直通室外的安全出口，3部楼梯。

2. 视频监控系统设置概况

起火建筑内安装了视频监控系统，监控系统主机设在三层南部监控室。16路视频监控中共使用11路，在歌厅除包房以外的其他营业区域内分布，基本覆盖了歌厅内的公共区域。

3. 视频监控录像在案例中的证明作用

（1）证明了起火时间

0时26分19秒（录像时间）歌厅吧台内东侧快递箱堆放处发生第一次爆炸，伴随火光，引起周边可燃物起火。

（2）证明了火灾原因

录像详细地记录了歌厅员工将空气清新剂放置在电暖器周边，电暖器使用过程中引爆了空气清新剂导致火灾的整个过程。

（3）证明了火势发展蔓延过程

录像记录了从第一次爆炸发生到随后发生的多次爆炸，直至视频监控系统断电的时间内火灾的整个发展蔓延过程。

（4）证明了灾害成因

经分析，该视频监控录像从以下几个方面证明了灾害成因。

一是火灾初期扑救方面。证明了火灾初期扑救晚，扑救措施不当。00时26分19秒（录像时间）起火后直至00时26分38秒（录像时间）前，未见有人上前施救，随后陆续有人上前采取脚踩、少量水扑救等措施，已无法控制火势。

二是人员疏散逃生方面。火灾初期，虽有多名人员发现火情，但未见有人组织人员疏散。火灾发生后，熟悉建筑情况的单位工作人员自发逃生，未见有人组织顾客逃生，导致大量人员伤亡。

三是可燃物方面。证明了起火单位存在违规放置易燃易爆危险化学品行为，未能妥善保管存放具有燃烧爆炸危险的罐装空气清新剂。该起火灾调查中，视频监控录像为调查人员提供了大量可靠的证据线索，为快速查明火灾原因，开展技术调查和追究火灾事故责任提供了重要依据。

但应当注意，仅凭视频监控录像证据还不足以作出火灾事故认定结论，还需要通过现场勘验和调查走访等工作获取相关证据进行印证和支撑，共同构成完整的证据体系才能证明认定结论。

（三）视频监控录像在火灾调查中的运用分析

案例中的视频监控录像设置在歌舞娱乐场所，覆盖范围基本囊括了整个场所所有公共区域，较好地记录了火灾发生的整个过程，具有较高的证明价值。但视频监控系统的设置，往往是出于安防需要，在机关单位、仓库、居民家庭等场所，视频监控摄像头一般只监控建筑主要通道和出入口，难以囊括整个建筑空间。由于这些部位不是火源和可燃物的主要分布位置，因而不能直接目击火灾起火过程。在火灾调查实践中，一些火灾调查人员在对提取到的视频监控录像进行简单查阅后发现监控录像内容未拍摄到起火过程，就直接放弃了对视频监控录像的进一步调查、分析和解读，会忽略很多关键证据。

1. 视频监控录像证据分析的目的和作用

视频监控录像证据分析的根本目的是通过分析获取火灾调查线索和证据。之所以要对视频监控录像证据进行采集和分析，就是因为视频监控录像证据在火灾调查中具有证明作用和证明价值。根据火灾调查工作实际需求，其作用又可以分为以下方面：

证明火灾起火时间、起火部位、起火点和起火原因；

证明火灾发展、蔓延过程；

证明起火前、中、后人员活动和物品状态变化；

证明火灾灾害成因；

其他证明作用。

2. 视频监控录像证据的采集

为利用视频监控录像分析获取火灾调查线索和证据，有效发挥视频监控录像证据的证明作用和证明价值，应当按照以下要求采集该类证据。

（1）采集范围

通过火灾调查实践发现，起火建筑内部安装的视频监控系统是记录火灾发生、发展的相关证据的较好载体。同时，单位周边的视频监控录像也可以从另外的视角记录火灾发生、发展过程和人员出入、活动情况。在一些火灾中，为确定人员的活动轨迹或物品的来源、运输过程等，还应当采集相关事件发生地的视频监控录像。如放火火灾中，为确定犯罪嫌疑人活动轨迹，往往需要对嫌疑人活动进行跟踪，因而需要采集整个嫌疑人活动路线范围内所有的视频监控录像。

（2）采集时段

关于视频资料的采集时段，当前火灾调查相关程序规定并未给予明确要求。根据火灾调查实践总结分析发现，对于一些夜间发生的火灾，由于视频图像能见度较差，为比对分析物品位置、状态等，可以采集日间同部位的监控录像进行综合比对。因此，在火灾调查中，针对起火建筑及周边的视频资料，一般情况下应至少采集日间和夜间的图像，建议至少采集火灾发生前24h至调查人员调取录像时所能采集到的全部视频资料。特殊火灾需要采集更长时间范围内的视频，以观察火灾发生前后人员的数量、身份、行为和物品的种类、数量、状态等。如自燃起火的火灾中，自燃物品发生物理、化学变化产生热量直至燃起明火，往往是持续多天的漫长过程，因此需要采集较长时间范围的录像。视频监控录像采集的时段越长越好，防止在日后调查需要采集新的视频监控录像时，相关证据已经灭失，给调查工作造成被动。但对视频资料进行查阅分析的过程中，则要根据实际调查需要和人员力量，有重点地进行分析，防止造成调查力量、时间、资源的浪费。

（3）采集内容

在公安机关侦办治安、交通、刑事等案件的过程中，视频监控录像的证据价值往往体现在其记录的内容方面。但火灾是一类特殊事件，在视频监控系统记录与火灾相关的事件的同时，火灾也会对视频监控系统造成破坏，具体表现为视频监控系统硬件的损坏和记录内容的中断，这也可以从另一个角度证明火灾发生、发展的过程。因此，在火灾调查过程中，对于视频监控录像的采集，不仅应当采集录像内容，还应调查确定视频监控录像系统的设置、安装、布线等情况。通过研究，视频监控录像证据的采集内容应包括以下方面。

一是视频监控系统的设置位置和布线情况，各摄像头的安装位置、拍摄方向、拍摄范围以及是否具有夜间拍摄功能。

二是各线路因火灾作用导致的视频画面异常或中断的时间和先后顺序。

三是起火前火灾现场状态，包含物品种类、数量、摆放设置情况，物品状态变化，现场人员的数量、身份、活动轨迹等。重点查看现场有无异常亮光、异响、高温等不正常情况，重点人员起火前所在位置、行为、活动轨迹，重点物品位置移动和状态变化等。

四是火灾发生、发展过程，有无亮光、异响、高温等不正常情况，现场火光、灯光和异常光亮等光线方向、强弱变化、闪烁频率。

五是人员的疏散逃生、初期火灾扑救等活动以及有无异常行为。

六是火灾发生后一段时间内现场有无人员进入，有无异常人员活动，物品有无状态、位置变化，重点人员所在位置、活动、有无可疑行为，重点物品所在位置、状态、有无可疑变化等。

3.视频监控录像证据的审查

（1）视频监控录像来源

从证据采集方式方面，应审查视频监控录像证据采集的形式、程序是否合法，视频监控录像采集的过程是否安全，录像是直接采集还是通过他人采集，采集的中间环节是否存在被修改或破坏的可能等。如在上文案例中，公安机关在火灾扑灭后立即进行了提取查阅，中间未经手其他人员。因此，该视频监控录像不会受到他人破坏或修改，具备较强的可信度。

（2）采集时间

从证据采集的时间方面，应审查采集视频监控录像的时间是火灾刚发生后，还是间隔一定时间后，是否存在足够的时间使视频资料受到可能的修改或破坏。

（3）证据形式、完整程度

应审查视频监控录像的形式是电子数据还是其他形式，录像来源于原始存储设备还是拷贝资料等，同时应审查采集到的监控录像图像是否清晰，在时间上是否有缺失、中断，是什么原因导致缺失、中断。

（4）是否有数据修改的情况

审查视频监控录像内容是否受到人为修改。

（四）视频监控录像证据的分析运用

1.时间校准

进行视频监控录像分析的第一步是时间校准。时间是事件发生过程的计量尺度，在关联火灾事故案件相关证据、查清火灾事实的过程中发挥着链条的作用。进行视频监控录像分析时，常发现多数视频监控录像本身不具备时间自动校准功能。因此首先要对视频监控录像的时间进行校准，查清视频监控系统时间与北京时间的误差。在时间校准中，可以采取两种方法。

（1）直接比对法

直接比对法即直接将视频监控系统显示的时间与北京时间进行比对，分析时间误差。这种方法直接而简单，在大部分案件的视频监控录像分析中广泛使用。但是在火灾调查中，这种分析方法有其局限性。火灾的发生会对视频监控系统主机造成影响和破坏，有时会造成主机停电，有时会对主机的计时模块造成影响。

（2）事件比对法

即选取一个或多个被视频监控录像记录下来的特定事件，通过其他调查手段，确定该事件发生的准确时间，再与录像中该事件的发生时间进行比对，查清视频监控系统时间与北京时间的误差。在实际应用中，一般选取有明确时间记录的事件，如拨打电话、发送信息、拍摄照片等可以被电子设备明确记录时间的事件。

2.内容分析

视频监控录像主要以其拍摄内容证明火灾的发生、发展过程和与火灾相关的其他事件。因此，这部分工作是视频监控录像证据分析的核心。

（1）直接分析

直接分析即直接对监控录像反映的内容进行分析，查找相关证据和案件线索。直接分析适用于视频监控录像可以直接拍摄到事件发生的场所，如本文案例中，发生火灾的是一个歌舞娱乐场所，其监控录像基本覆盖了除歌厅包间以外的所有歌厅公共部分，完整地反映了整个事件的发生发展过程。因此，可通过对监控录像内容的直接分析，获取火灾发生、发展过程，造成火灾发生的人员行为、物品的状态变化，火灾发生后的扑救和疏散逃生情况等一系列证据。

（2）技术分析

在一些火灾现场，因视频监控录像的拍摄范围、拍摄距离、光照强度和视频清晰度等因素的影响，仅通过直接观看监控录像难以查清目标事件，这时需要采取技术分析手段。

一是逐帧分析。即对视频反映的内容进行逐帧分割，观察较短时间内事物的发展变化过程。

二是比对分析。即对两幅画面反映的内容进行比对，查找证据或调查线索。进行比对时，可以比对同一画面在不同时段的状态，定位物品位置或反映人员、物品位置、状态变化。如夜间影像不清晰的情况下，可以比对日间物品位置，通过划线或网格比对，精确定位各个物品在夜间图像上的位置，从而查找关键事件、物品、证据的位置。也可以就同一时段，观看不同视角下的人员、物品状态或同时段内发生的事件，从不同角度认识火灾或事件在某特定时段内的发展过程。

三是延长线分析。即对视频观察到的内容，通过在不同视角下绘制延长线的方法，精确定位某个事件的发生位置。由于视频录像提供的画面是平面图像，有时在观看远处发生的事件时，难以精确定位具体位置，此时这种方法可以发挥较好作用。如果火灾现场视频监控录像不能直接目击火灾发生位置，仅能够通过视频观察到火光的方向，也可结合光线沿直线传播的距离，运用该种方法辅助火源位置的定位。

四是跟踪分析。即对某人或某物的运动状态轨迹进行跟踪分析。这种方法主要用于调查某人在某时段的活动轨迹，推断其在某时间能否实现某行为，或对某物品、亮光的位置变化进行跟踪。

3. 硬件状态分析

要对视频监控系统硬件受火灾作用受到破坏的情况进行分析。要查清视频监控系统的设置、布线情况，即进行硬件状态分析。火灾是一类具有破坏性的灾害，会对现场视频监控硬件设备造成损坏，通过烧毁、烧损摄像头或其电源、信号线路，导致视频质量受损或中断。开展硬件状态分析，首先应查清视频监控系统所有硬件的具体位置和布线位置。通过观察各个视频监控画面的质量变化和中断顺序，结合现场勘验实际情况，推断各个位置的监控硬件设备受到火灾高温或烟气作用的顺序，从而推断起火部位、起火点的方向以及火势强弱程度。

4. 证据间的综合分析

此外，还要将视频监控录像证据与其他证据放在一起进行综合分析。有时仅通过视频监控录像内容难以对火灾有更进一步的认识，但是如果结合证人证言、现场痕迹物证，则可对现场情况有更进一步的了解。如在本次空气清新剂爆炸火灾案例的调查过程中，调查初期通过观看视频监控录像，虽然可以查清起火部位、起火点，但无法推断发生爆炸燃烧的物质，很多调查人员以为是电暖器的导热油泄漏发生燃烧。通过进一步调查取证，进行证据间的综合分析发现，该电暖器的发热部件是硅晶电热膜，并不存在导热油，不可能发生导热油泄漏燃烧，而现场周转箱内的物品是罐装空气清新剂，高温下可能发生爆炸。这也为调查人员进一步理解认识视频监控录像内容、分析起火原因提供了可靠证据。

第三节　火灾现场制图

一、火灾现场制图的工具

常用的手工制图工具有：

制图板；

丁字尺；

三角板（包括 45° 等腰直角三角板和分别为 30°、60° 的直角三角板）；

绘图笔；

量角器；

云形尺；

圆规和分规；

测量工具（测距仪、皮尺、钢卷尺）；

比例尺；

擦图片；

胶带纸；

橡皮等。

计算机制图还需要计算机、制图软件等。

二、火灾现场制图的种类

（一）火灾现场方位图

现场方位图的绘制主要反映现场的具体位置，其基本内容为：

标明火灾区域及周围环境情况；

标明该区域的建筑物的平面位置及轮廓，并标记名称；

标明该区域内的交通情况，如街道、公路、铁路、河流等；

用图例符号标明火灾范围，起火点、爆炸点等的位置，或可能是引发火灾的引火源位置；

标明火灾现场的方位，发生火灾时的风向和风力等级；

火灾物证的提取地点。

（二）火灾现场全貌图

火灾现场全貌图又叫现场全面图，是以整个火灾现场为表现内容的一种图形。其中应标明火灾现场的范围，以及起火部位、起火点、火灾蔓延途径、人员伤亡和残留物等物体之间的位置关系。

（三）火灾现场局部图

火灾现场局部图是以火灾现场起火部位或起火点为中心，表现痕迹、物体相互间关系的一种图形。现场局部图根据需要可绘制成如下三种形式：

局部平面图：以平面的形式表示现场内的物体、痕迹的位置及相互关系。

局部平面展开图：局部平面展开图的表现方法，一般是由室内向外展开，设想将四面墙壁向外推倒，把立面与室内的平面图结合为一张图，便于集中反映内部的各种情况。局部展开平面图能清晰地记录垂直墙面上的烟熏、断裂等痕迹特征。

局部剖面图：局部剖面图反映火灾现场内某部位或某物体内部的状况。

（四）专项图

专项图主要是为配合火灾现场专项勘验而绘制的专项流程图、电气线路图、设备安装结构图等，它可以帮助火灾调查人员分析火灾原因。

（五）火灾现场平面复原图

火灾现场平面复原图是根据现场勘验和调查访问的结果，用平面图的形式把烧毁或炸毁的建筑物及室内的物品恢复到原貌，模拟火灾发生前的平面布局。平面复原图是其他形式复原图的基础和依据。

火灾现场平面复原图的基本内容如下：

室内的设备和物品种类、数量及摆放位置，堆垛形式的物品，应加以编号并列表说明；

起火部位及起火点。

应尽量按照原有的建筑平面图绘制火灾现场平面复原图。

（六）火灾现场立体复原图和立体剖面复原图

火灾现场立体复原图是以轴测图或透视图的形式表示起火前（或起火时）起火点（部位）、尸体、痕迹物证等相关物体空间位置关系的图。

立体剖面复原图是在立体复原图的基础上，用几个假设的剖切平面，将部分遮挡室内布局的墙壁和屋盖切去来展示室内的结构及物品摆放情况的图形。

三、火灾现场制图的步骤

（一）确定火灾现场范围

火灾调查人员应全面熟悉火灾现场的情况，认真巡视现场，明确火灾范围、火灾痕迹物证及重要物体的分布情况，确定绘制的重点。

（二）制订绘图计划

火灾调查人员熟悉火灾现场情况后，应确定火灾现场图的种类、数量，并确定绘制的先后顺序。

（三）确定标向和比例

用指南针确定现场方位，根据火灾现场图所反映的内容确定合适的比例。

（四）选定参照物

室外火灾现场一般以现场中心部位为起点，采用极坐标系进行定位。室内火灾现场通常以某一墙角为起点，采用直角坐标系定位。

（五）绘图

选定参照物后，应当绘制火灾现场图的草图，并根据现场勘验情况对草图核对、修改，确认无误后方可描图。

（六）填写图题

填写发生火灾的时间、地点、绘图人等信息，由绘图人签名并由现场勘验指挥人审核签名，并注明绘图日期。

四、火灾现场制图的方法

（一）示意图

示意图就是在现场所画的草图，可不按比例绘出，但必须将现场内物体的形状、位置标出，并用辅助线或箭头注明物体尺寸及相互间的距离等。

（二）比例图

比例图以示意图为基础，按比例重新绘制，比例可根据火灾现场的实际情况选定。

（三）多种比例结合图

在一张火灾现场图上可采用不同的比例，如将现场中心按一定比例绘制，而现场周围则缩小比例绘制，或现场中心较大的物体按比例绘制，较小物体不按比例绘出，并用图例符号标注。重要的火灾物证可用索引引出，并在详图中描绘。

五、例图绘制

火灾事故调查制图是勘验的重要内容，常用的平面制图具有局限性，六面展开图提供了一个全方位记录火灾现场的平台。

（一）六面展开图概述

1.六面展开图的概念

六面展开图多运用在建筑火灾现场中，是以多方位投影图为基础的多个投影图的组合。它解决了单个正投影不能反映完整现场的问题，用多个互相关联视图，把空间关系表达清楚。

2.六面展开图的体系

全方位六面图一般由 1 个主俯视图加 5 个平面图组成。

（1）俯视图

将人的视线规定为平行投影线，然后正对着物体看过去，将所见物体的轮廓用正投影法绘制出来的图形被称为视图。从物体的上面向下面投射所得的视图称俯视图，其能反映物体的上面形状，在火灾事故调查中反映了地平面的情况。

（2）平面开展图

模拟从建筑空间内部中心观察四周墙面和顶面投射所得的视图。平面展开图反映物体的各墙面，各墙面分别以地面矩形边线为轴，90°向四面展开，顶面以矩形顶面长边为轴 180° 展开放平，这五个面的展开后就成为平面展开图。

（3）专项图

在绘制基本"六面展开图"后，可以对火灾现场各专项勘查情况进行更详细的记录，突出专项勘查情况，专项内容较多时可以分别绘制。

电气类。电气类专项图主要绘制空间环境中电气线路分布，通过各个面的对接，以及记录重要用电设备的电气连接，使电气线路形成完整的布置线路。

数据类。数据类专项图对空间规模进行记录，对空间内设施设备方位和规格进行记录，对重要物证的位置进行记录。

痕迹类。痕迹类专项图对四面墙体烟熏、脱落、等情况进行记录，也可以记录烧失物品的烧损缺失部位。

分析类。分析类专项图，主要是通过绘制火灾蔓延渐变程度的指向，对起火部位进行指向分析。

其他工作的汇报。六面展开图可以为3D立体图的绘制记录数据信息，可以为火灾事故调查等案件现场演示的提供直观的学习平台，可以形象直观地汇报案情。

3.六面展开图的特点

总的来说，六面展开图具有以下特点：

（1）能表现现场全貌

六面展开图的多个投影面能基本反映火灾现场重点部位全貌。通过绘制起火点、起火部位、现场范围和起火蔓延痕迹的空间关系，能将整个空间中有关痕迹物证信息都表达出来。

（2）现场痕迹物证关联

火灾物证图痕是多维度的，单个物品的燃烧图痕在各个维度上有体现；起火点、烟熏、脱落、蔓延方向等痕迹在各墙面是连接的，可以形成关联，这样形成的证据的效力更强，关联度更高。

（3）现场立体化

火灾调查人员可以通过各方位的投影在头脑中形成形象的立体图，也便于计算机软件绘制精准的比例图。

（4）便于学习和推广使用

对绘图不熟悉的人员不要求掌握专业画法，只要懂得平面制图，就可以较快学会六面展开图的绘制方法，从而便于在火灾事故调查工作中较好的推广运用。

（二）火灾现场六面展开图的绘制

六面展开图运用广泛，针对火灾现场图的绘制，应依据现场勘验和调查询问的情况了解火灾发生、发展、蔓延等情况，制作现场草图或数据简图，再遵循火灾现场制图的基本方法和步骤绘制而成。

1.手工绘制

（1）制图准备

制图工具。绘图中一般用到现场绘图板、绘图笔、比例尺、绘图尺等。

草图和数据。在绘制六面展开图前应该做准备工作，掌握火灾调查走访情况和火灾现场重点部位，测量基本数据，做草图记录。

（2）制图格式

制图格式采用现场平面图的制图格式。

2. 软件绘制

绘制火灾现场六面展开图时可以采用计算机绘图。常用软件有 AutoCAD、CORELDRAW、FERRHAND 等，也可以使用专用软件。

（三）六面展开图在火灾调查中的实际运用

1. 六面展开图的绘制

以一起住宅火灾为例，对六面展开图的运用程序、方法进行叙述。例如，2019 年 4 月 1 日 13 时左右，陈某住宅发生火灾，起火房间为其住宅客厅，火灾过火面积约 10 平方米，火灾造成 1 名 3 岁小孩死亡，直接财产损失约 5 万元。调查情况：当日陈某于 14 时 20 分出门，出门时留小孩独自一人在家；邻居反映发现起火的时间约为 14 时 40 分。

绘图步骤：

绘制草图。记录数据和信息火灾事故的调查员到场，对案件和现场情况做初步了解，绘制草图，收集现场数据信息。

绘制。根据草图数据，按比例绘制图，主要绘制地面、墙面、顶面尺寸，绘制家具等较大宗物品。

复制基础图。一般火灾现场复杂，数据信息较多，一幅图受篇幅限制，不能完整记录火灾情况。在实际工作中，可复制基础图，再绘制各专项。复制基础图的方式不限，本案例中的专项图是绘制好基础平面图后打印而成的。

绘制专项图。电气类：绘制了陈某住宅供电线路的入户线至起火部位周边电气线路布置情况；入户线接入后至起火的沙发后侧，沙发后侧插板连接及电炉接线情况；绘制了入户线围绕吊顶照明灯具的线路布置。数据类：主要绘制了起火房间空间大小规模；记录了死者的方位；重点记录了电炉至沙发的距离，电源插板和电炉插头的距离。痕迹类：记录了四面墙的烟熏痕迹和沙发碳化痕迹，主要用于判定起火点和记录火灾蔓延发展情况。

2. 分析运用

对该火灾进行初步勘察，火灾原因可能是"电炉加热引发""小孩玩火""纵火""电气线路故障"四个方面，该案用排除法逐步勘察：

通过专篇分析，由碳化程度和烟熏程度可以确认起火点为房间西侧沙发；起火中心点为组合沙发从西至东第 2、3 节之间靠南一侧；火灾调查员对电炉进行勘察，发现电炉总开关为机械弹片开关，状态为关闭，功能调控板为电子控制开关，开启总开关电炉不能自动加热，电炉距离沙发 30 厘米，电炉周围无可燃物，电炉插头距离电源线板 40 厘米，插头和电源线板不能恢复合拢。综合勘验情况，可以排除电炉引发火灾。

死者为 3 岁男童，死在沙发上，仰卧状姿态，死者头部位于西侧沙发，距离沙发西侧边缘 50 厘米，南侧 70 厘米，左脚端点距离北墙 50 厘米，死者距离起火中心点仅 70 厘米；沙发四周未发现打火机等引火物，可以初步排除小孩玩火的可能。

通过对案件有关人员进行走访，对案件现场周围监控进行调取，可以排除人为纵火的可能。

3.综合结论

据户主反映，火灾发生前一个月，户主发现沙发下方的电线插板发生过故障，当时没有在意就继续使用了。此时对电路进行勘察，其线路完好，对插板进行勘察，其金属铜片上有放电蚀痕。利用各专项勘察痕迹确定了火灾数据，用排除法将可能的原因进行排除，最终将火灾原因确定为：电气故障。

第四节　火灾现场勘验笔录

一、火灾现场勘验笔录的基本形式和内容

（一）绪论部分

该部分主要内容有：

起火单位的名称；

起火和发现起火的时间、地点；

报警人的姓名、报警时间；

当事人的姓名、职务；

报警人、当事人发现起火的简要经过；

现场勘验指挥员、勘验人员的姓名、职务；

见证人的姓名、单位；

勘验工作起始和结束的日期和时间；

勘验范围和方法、气象条件等。

（二）叙事部分

该部分主要写明在现场勘验过程中所发现的情况，主要包括：

火灾现场位置和周围环境；

火灾现场中被烧主体结构（建筑、堆场、设备），结构内物品种类、数量及烧毁情况；

物体倒塌、掉落的方向和层次；

烟熏和各种燃烧痕迹的位置、特征；

各种火源、热源的位置、状态，与周围可燃物的位置关系，以及周围可燃物的种类、数量及被烧状态，周围不可燃物被烧程度和状态；

电气系统情况；

现场死伤人员的位置、姿态、性别、衣着、烧伤程度；

人员伤亡和经济损失；

疑似起火部位、起火点周围勘验所见情况；

现场遗留物和其他痕迹的位置、特征；

勘验时发现的反常现象。

（三）结尾部分

结尾部分的内容为：

提取火灾物证的名称、数量；

勘验负责人、勘验人员、见证人签名；

制作日期；

制作人签名等。

二、火灾现场勘验笔录的制作方法

火灾现场勘验笔录的制作方法主要包括如下方面：

在现场勘验过程中随手记录，待勘验工作结束后再整理正式笔录。现场勘验笔录应该由参加勘验的人员当场签名或盖章，正式笔录也应由参加现场勘验的人员签名或盖章。

在现场勘验过程中所记录的笔录草稿是现场勘验的原始记录，修改后的正式笔录一式多份，其中一份与原始草稿笔录一并存入火灾调查档案，以便查证核实。

多次勘验的现场，每次勘验都应制作补充笔录，并在笔录上写明再次勘验的理由。

火灾现场勘验笔录一经有关人员签字盖章后便不能改动，笔录中的错误或遗漏之处，应另作补充笔录。

火灾现场勘验笔录中应注明现场绘图的张数、种类，现场照片张数，现场摄像的情况，与绘图或照片配合说明的笔录应标注（在圆括号中注明绘图或照片的编号）。

三、制作火灾现场勘验笔录的注意事项

制作火灾现场勘验笔录应注意如下事项：

火灾调查访问笔录是火灾调查人员正在调查火灾过程中向证人询问该起火灾事故有关情况时所做的文字记录，它是火灾调查的法定证据之一。通过记录证人反映的火灾发生的情况，可以使调查人员更好地了解火灾发生的全貌，并通过与其他证据材料的印证，查明火灾原因，确定火灾性质，认定火灾责任，处罚责任者。可见，调查访问笔录在整个事故处理过程中起着极其重要的作用，笔录的合法与质量直接影响到整个火灾事故调查工作的成功与否。因此，要提高火灾调查水平必须切实注重笔录质量的提高。

（一）火灾调查访问笔录制作存在的问题

目前，公安消防机构火灾调查水平尚需提高，基层火灾调查人员水平不高，主要因为火灾调查在调查访问和现场勘查两方面存在不足，而两方面的关键在于调查访问。调查访问不但可以了解火灾发生的主要经过，也可为现场勘查提供重要线索。

火灾调查访问笔录存在的问题主要表现在以下方面：

1. 文字水平不高

这与火灾调查人员对笔录的态度、重视程度和工作责任心有关，表现在：错别字、病句、用语不规范、标点符号不规范、人称混乱、字迹潦草难认等。

2. 表达能力欠缺

这与火灾调查人员的文化水平、文化基础有关，也与他们对待笔录的态度和工作责任心有

关，表现在：叙述要素残缺不全，记叙简略，描述粗糙，对关系到火灾发生的关键问题记录不全，笔录的目的性、逻辑性不强等。

3.法律水平低

这与火灾调查人员的法律基础知识、办案经验，以及他们在工作中缺乏适度的灵活性以及未养成良好的执法习惯有关，表现在：用语不严谨不规范，询（讯）问过程中有指供诱供（把火灾调查人员的暗示、试探、利诱记录在"问"中）、变相刑讯逼供（连续讯问超过12小时，车轮战）的情况，询（讯）问中把自己对火灾的看法或别人的证词透露给证人，未执行有关回避的规定，未依法向证人告知有关事项等等。

4.程序方面存在问题导致笔录的合法性、证明力受损

主要表现在：一人办案，交叉询问，起止时间不明确，笔录未经核对，"讯"问"询"问不分等等。

5.对特殊情况缺乏处理经验

有法律规定的不按法律规定操作，无法律规定的不动脑筋想办法。如：当被询（讯）问人拒绝签名时，当询（讯）问未成年人时，当询（讯）问聋哑人时，当询（讯）问不通晓当地语言的人或少数民族、外国人时，当被询（讯）问人为文盲时，当被询（讯）问人无理取闹、撒泼耍赖、胡搅蛮缠等种种情况时不能妥善处理。

（二）制作调查访问笔录应注意的问题

1.制作笔录前应注意的问题

一定先了解情况，对关键环节做出判断。这一要领的难点在于快速判断关键环节，争取在做笔录前十分有限的时间里多了解火灾情况，同时抓住时机收集、提取、固定其他证据。

一定先列提纲，对本次笔录要问的内容、要调查解决的问题做到心中有数。这样可以增强笔录的目的性、条理性和逻辑性。

排除干扰，搞好心理调节。要有吃苦耐劳、求真务实的工作作风，要有刨根问底、攻坚克难的精神状态，要坚持实事求是，排除来自各方面的干扰，切忌工作浮躁和先入为主。要做好心理调节。调查访问时和蔼的态度能促使被访问人对调查人员产生好感和信任，缓和谈话的紧张气氛，便于回忆，粗暴的态度将招致相反效果。坚决的态度往往使被访问人感到在调查人员面前难以蒙混过关，可防止隐瞒和作伪证，而优柔寡断的态度，效果往往适得其反。

2.制作笔录过程中应注意的问题

提纲里列出的问题，不管被询问人如何回答都应记录。火灾调查人员在证人作否定回答时，常常认为没有价值不做记录，这是十分不好的习惯。怎么回答是一回事，某个细节问题我们有无调查、某一问题有无问及是另一回事。有的火灾刑事案件到了公安局、检察院被退回补充侦查往往就因为要补问一两个问题，而这一两个问题往往是问了只是没在笔录上记录。

有关证人、物证的记录要尽可能详细。这关系到能否找到证人，能否收集到相关物证，关系到这些人证、物证的证明效力，关系到各种证据之间能否相互印证，关系到各种证据能否形成完整的证据链。

注意使用法律用语。这里指的是"问"中的用语，如岁数，要以周岁提问或核实，这一点

关系到行为人是否具备独立责任能力、有无法定从轻情节、是否要追究刑事责任能力。

紧扣法律规定，围绕法律规定进行提问和调查。严禁刑讯逼供或者使用威胁、引诱、欺骗以及其他非法的方法获取供述。关键字句不要先出现在"问"中，以避"指供""诱供"之嫌，关键字句最好在"答"中出现后，在"问"中加以重复和强调。

区别不同对象确定笔录的语气和提问的侧重点。制作火灾肇事者笔录与制作证人笔录不同，制作证人笔录与制作受害者笔录不同。

特殊情况要妥善处理。有法律规定的按法律规定操作，无法律规定的动脑筋想办法：

当被访问人拒绝签名时，应当在笔录上注明。

为了使制作的笔录具备证明力，当被访问人拒绝签名时，火灾调查人员应针对其心理特征讲解法律法规的有关规定，进行说服教育，对其拒不签名的理由、借口进行批驳，仍不奏效的应当在笔录上进一步注明当时的情形。此外，对重特大火灾事故，对重要的犯罪嫌疑人应采取辅助手段，利用录像机对说服教育和批驳的过程录像，以视听资料固定。这样做的好处有：第一，已制作的笔录不因拒绝签名白费功夫；第二，把被访问人抗拒态度固定在案，对其造成心理压力。

被访问人，大多是证人拒绝签名，通常因为害怕打击报复，或因有亲属关系存在顾虑，火灾调查人员应针对其心理特征讲解法律法规的有关规定，进行说服教育。仍不奏效的应当在笔录上进一步注明当时的情形。重特大火灾事故的目击证人拒不履行作证义务的，必要时应进行录像，以视听资料固定。

访问未成年人时，应当通知其家长、监护人或教师到场，有利于未成年人消除或减轻紧张、恐惧等不利于询问的心理以及一些思想顾虑。针对未成年人的特点，应选择未成年人熟悉的环境、场所进行询问，使他们能够将自己知道的情况全部反映出来。

访问聋、哑人及不通晓当地语言文字的人员、外国人时，应当配备翻译人员，并在笔录上注明证人的聋、哑情况，以及翻译人的姓名、工作单位和职业。

被访问人为文盲时，应由与案件无利害关系的见证人阅读笔录，并分别签名见证该笔录读给被访问人听过，访问人表示与其所说的相符；对要办理刑事案件的，尤其是重特大案件、重要的犯罪嫌疑人为文盲时，最好通过视听资料固定其供述和辩解。

被访问人变卦或胡搅蛮缠、无理取闹、撒野要赖时，应进行录像，以视听资料为证。

给处于病危状态中的当事人做笔录时，应有见证人在场。访问后，应在笔录上加以说明，并由法定代理人或证人签名。

（三）制作笔录后应注意的问题

1. 提高对笔录材料的综合判断能力

主要是指有纠纷的火灾案件，尤其是涉及多人，各执一词的火灾。对这类火灾综合判断现有证据有几个技巧：

抛开各执一词的当事人双方笔录，以无利害关系的证人证言作为认定案件事实的依据。即使证人比当事人少，证人笔录的数量比当事人笔录数量少，如果证人笔录全面、细致，其客观性决定其可以采信程度，完全可以作为认定案件事实的依据；

以客观的鉴定结论和现场勘查为认定的依据；

以此方式的证词作为认定彼方行为的依据，双方都作处罚。通过相互指证"各打五十大板"比不作认定、都不处理、拖而不决好。如果限于客观条件，已无继续调查取证的余地，应当机立断，该断不断，将反受其乱。

2. 程序方面的要求绝对不能忽视

笔录不仅要由被访问人签名、捺印，涂改、增删、超出行高列宽、字间距不同（疏密不一）、中间空白的地方也要打指印确认，这些地方往往容易被忽略；

笔录的询（讯）问人、记录人必须分别签名，杜绝一人办案，交叉询问等违反程序的做法；

规范填写笔录头，区分第一次与第若干次笔录头，区分询问笔录和讯问笔录；

起止时间填写确切，不能出现时间上的冲突；

规范地进行笔录核对，由被询问人亲笔书写的"以上笔录我看过（或读给我听过），与我所说的相符"的字样；

字迹清晰，容易辨认。

总之，火灾调查访问是一项涉及面广、时效性强、要求严谨的工作，火灾调查人员应当以认真、严谨、细致的工作态度，从讲政治的高度，注重证据意识、时效意识和诉讼意识的增强，在调查访问中坚持及时、全面、客观、细致、合法的原则，才能使调查访问顺利进行，制作出高质量的访问笔录，进而为火灾调查取得成功走好关键一步。

第四章　火灾事故调查中的询问

第一节　询问的原则

一、火灾调查中的询问概述

火灾调查中的查谈询问，实际上就是指消防部门火灾调查人员深入到火灾事故发生的场所，通过交谈询问等方法，向发现火灾事故的人、报警的人、了解火灾现场情况的人、火灾事故当事人了解火灾事故实际情况和细节。在进行火灾调查的查谈询问过程中，调查人员需要按照具体查谈询问条件，在法律的允许范围以内，采用科学的原理与实践经验所制定的非常有效的询问方式，即查谈询问对策。火灾事故调查人员需要具有一定的综合素质，始终坚持全面客观、细致合法这一基本原则，按照不一样的情况，使用灵活的询问对策，才可以让查谈询问工作顺利地开展下去。因此可以看出，询问对策在火灾调查中发挥着极为关键的作用。

二、询问的及时性和合理性

及时性与合理性是火灾调查中查谈询问工作的关键原则。及时与合理的询问不但能够有效提升火灾调查工作水平，与此同时还能够及时、合理维护当事人合法权利。及时与合理询问的必要性表现在这几个方面：

（一）多数火灾事故见证人较为松散

火灾事故见证人在火灾事故出现的时候是偶然看到火灾发生过程的，可是火灾事故结束以后，这些人各自回家，如果想要找到他们就会变得很困难。再者，这些火灾事故的见证人对事件发生记忆有一定的时效性，当火灾事故结束以后，其伴随着时间的流逝会慢慢遗忘事故发生的各个细节。即便是寻找到了火灾事故见证人，其表达可能缺乏合理性，如此并不利于火灾事故调查工作的顺利进行。故此，查谈询问应当及时且合理，不应该和火灾发生时间间隔太长。

（二）即便是记忆力非常好的人也无法避免遗忘

有名的心理学家艾宾浩斯对于记忆方面的研究贡献之一，就是研究了记忆保持规律，同时绘制了有名的遗忘曲线。我们按照遗忘曲线可以发现，经过 10min、1h、24h，分别遗忘 42%、56%、66%。当火灾事故出现以后，不管是报警的人、受害者，还是参加消灭火灾的人员，心理上均会处于非常紧张的状态，这就会加速记忆遗忘速度，而且还会导致其逻辑思维不清晰，说话缺乏合理性。所以，火灾调查人员需要紧抓人们对火灾事故记忆最新的时刻，及时、合理地进行调查询问，得到具体的火灾情况，为下一步调查奠定扎实的基础。

（三）产生畏罪心理，回避火灾事故事实

在这样的情况下，被询问对象大多数是当事人与可能被追责对象。火灾事故发生刚开始的时候，这类人在火灾出现和扑救等情况下，还未缓过神具体分析火灾事故发生原委，可以不经思考、快速说出事实发生的详情。尤其是在有利益交叉和矛盾多的火灾事故中，如果当事人或可能被追责对象发现问题严重性和火灾带来的严重后果，就会在畏罪心理以及利益驱使下做出对自身有利的言论，这种案例在实际生活中不是少数。

三、调查询问的作用

调查询问，也可以将其称为调查访问，是根据国家出台的相关法规认定，由消防救援部门严格按照相关的法律法规进行的一种调查行为，旨在了解火灾事故现场产生火灾的真正原因，也是一种工作的方式。它能够从现场周围的群众口中得到重要线索，从某种程度上可以确定火灾发生的时间和地点以及现场周围的特性，能够在一定程度上帮助确定火灾原因和相关的火灾肇事人等情况，是火灾事故调查处理的一种重要手段。每次出现火灾事故后，结合火灾现场的建筑情况和相关事故区域，火灾发生的时间，火灾之后的灭火救援处置等情况，火灾现场燃烧物和事故责任人以及消防设施是否正常运行等内容，都会采取调查询问的方式。从调查开始到结束都离不开询问人员。

尤其是存在死者的火灾事故或对社会影响较为恶劣的火灾事故，更是离不开调查询问的环节。在刑事案件中，大多数的火灾肇事人为了逃避法律制裁，往往会采用手段隐瞒事实真相。通过调查询问的方式找出相关线索，能够对重大案件产生意想不到的效果。

四、调查询问的基本原则

（一）个别询问原则

对询问对象进行询问时，应当个别进行。

（二）客观充分陈述原则

火灾调查人员应为被询问对象创造一个充分陈述的环境条件，使其能够客观、充分、不受任何干扰地陈述。

（三）告知原则

火灾调查人员在询问时，应告知被询问人如实作证和陈述是每个公民应尽的义务，如果有意作伪证或者隐匿证据的，应承担相应的法律责任。

（四）询问笔录应交于被询问人核对的原则

内容主要包括：

对证人、受害人和火灾肇事人询问的笔录材料应当交本人核对，对于没有阅读能力的应向他们宣读；

被询问人如果发现记载有遗漏或者差错，可以提出补充或者修正意见，当确认笔录没有错误时，应在笔录上签名或者盖章；

被询问人要求自行书写陈述材料时，调查人员应准许。

第二节 询问的对象与内容

一、询问的对象

（一）对受害人的询问

受害人是指合法权益受到火灾直接侵害的人。向受害人询问的内容有：

用火用电、操作作业的详细过程；

火灾发生前起火部位的情况，包括起火部位的基本情况，可燃物种类、数量与堆放状况，以及与火源或热源的距离等情况；

起火过程及扑救情况；

在火灾中受伤的身体部位及原因；

受害人与外围人际关系。

（二）对知情人的询问

对最先发现起火的人和报警人的询问，需要询问的内容主要包括：

发现起火的时间、部位及火势蔓延的详细经过；

起火时的特征和现象，如火焰和烟雾颜色变化、燃烧的速度、异常现象；

发现火情后采取哪些措施，现场的变动、变化情况等；

发现起火时还有何人在场，是否有可疑的人出入火灾现场；

发现火灾时的环境条件，如气象情况、风向、风力等。

对最后离开起火部位或在场人员的询问，需要询问的内容主要包括：

离开之前起火部位生产设备的运转情况，在场人员的具体活动内容及活动的位置；

人员离开之前火源、电源处理情况；

起火部位附近物品的种类、性质、数量；

离开之前，是否有异常气味和响动等情况；

最后离开起火部位的具体时间、路线、先后顺序。

对熟悉起火部位情况的人的询问，需要询问的内容主要包括：

建筑物的主体和平面布置，每个车间、房间的用途，以及车间的设备及室内设备情况等；

火源、电源情况，如线路的敷设方式、检查、修理、改造情况；

火源分布的部位及与可燃材料、物体的距离，有无不正常的情况；

机械设备的性能、使用情况和发生故障的情况；

起火部位存放的物资情况，包括种类、数量、性质、相互位置、储存条件等；

防火安全状况，防火安全规定、制度的实际执行，有关制度的规定是否与新工艺、新设备相适应等情况。

对最先到达火灾现场救火的人的询问，需要询问的内容主要包括：

到达火灾现场时，冒火、冒烟的具体部位，火焰烟雾的颜色、气味等情况；

火势蔓延到的位置和扑救过程；

进入火灾现场、起火部位的具体路线；

扑救过程中是否发现了可疑物品、痕迹及可疑人员等情况；

灭火方式和过程。

对消防人员的询问，需要询问的内容主要包括：

火灾现场基本情况如最先冒烟冒火部位，塌落、倒塌部位，燃烧最猛烈和终止的部位等；

燃烧特征（烟雾、火焰、颜色、气味、响声）；

扑救情况、扑救措施、消防破拆情况等；

现场出现的异常反应，异常的气味、响声等；

到达火灾现场时，门、窗关闭情况，有无强行进入的痕迹；

现场设备、设施工作状况、损坏情况等；

起火部位情况；

是否发现非现场火源或放火遗留物；

现场其他人员活动情况；

现场抢救病人情况；

现场人员向其反映的有关情况；

接火警时间、到达火灾现场时间；

天气情况，如风力、风向情况。

（三）对火灾肇事人的询问

需要询问的内容主要包括：

用火用电、操作作业的详细过程；

火灾当时及火灾发生前所在的位置、火灾前后的主要活动；

起火部位起火物堆放的情况；

起火过程及初期扑救情况；

在火灾中受伤的身体部位及原因。

二、调查询问的重点内容

火灾调查询问是指火灾发生后，火灾调查人员为查明火灾原因、火灾损失和火灾责任，向有关人员和知情者了解、查证有关情况，取得证人证言，发现线索，收集证据的工作。它是火灾原因调查的主要方式之一。调查询问主要包括询问准备，谈话，审查和验证三个部分。

（一）火灾调查询问准备

1.确定询问的对象和内容

调查询问的目的是获得能够证明起火原因的客观事实。因此与火灾发生最有联系的人是询问的重点。下面五种人当属询问的对象：

一是最先发现起火的人。可向他们了解起火时间、起火部位、发现部位、火势蔓延方向、燃烧状况、有无可疑人进入火灾现场等。

二是最先到达火灾现场灭火的人。可向他们了解灭火时的火势状态，有无异味，对火灾现场有何种移动和破拆，门窗是否完好。

三是起火前后离开现场或起火时就在现场的人。可向他们了解离开的时间、行为，现场物品的摆放，机器设备的运转情况，有关人员的活动情况等。

四是熟悉起火现场物品摆放或生产工艺的人。可向他们了解起火部位存放、使用的物品的种类、数量、性质、相互位置、存放时间和存放条件，起火部位的火源、电源、热源与可燃物间的距离等。

五是其他人员。可向他们了解起火前后耳闻目睹的有关情况。

熟悉火灾现场情况。勘查现场、了解火场情况是保证询问取得成功的关键。查看现场才能确定询问的重点和难点，才能有的放矢地询问，对被询问人所讲的现场物品、方位等才能准确地记录和描述。查看了火灾现场，对火灾的大体情况才能做到心中有数，询问时才能掌握主动权，应该怎么谈、谈什么才能有所侧重。

选择询问的时间地点。询问时间要以对象而定，对不同的对象的询问也有时间先后的问题，不同的时间被询问人的心情不同，回忆能力不同，访谈的效果也不一样。要按照对火灾的掌握情况，采取逐步深入方法，防止出现多次重复的询问和遗漏。正常情况下，白天、晚上都可以询问。询问地点选择的好坏，往往影响询问的效果。一般情况下，环境独立而安静的地点，有利于被询问人的叙述和回忆。如在被询问人的生活、工作地点询问，左右邻居、周围同事太多，被询问人就会担心自己的面子或不保密等而不愿讲实情或故意隐瞒一些细节。

选择询问方式并列出询问提纲。询问的方式包括提问的用语，询问的策略—方法—步骤等。选择正确的询问方式不仅能使证人顺利地回忆和谈话，也能有效地转变某些证人的消极心理。

2.调查询问谈话

（1）调查询问的形式

调查询问的形式有四种：

自由陈述法。

指询问人员要求被询问人全面陈述所感知的事件情况，这种方式通常在询问之初。优点是被询问人可以充分自由地陈述自己所回忆的事件情况，不受询问人过多提问的干扰，陈述的内容具有逻辑性和连贯性。

一问一答法。

这种方法多在被询问人已经作了系统的陈述之后，根据案件情况和被询问人叙述中的疑点进行询问。调查人员向被询问人提出问题并要求其作答，也可以让被询问人补充或解释。

刨根问底法。

指调查人员对被询问人所描述的情况逐步深入刨根问底。采用这种方式，对于考察询问对象陈述的准确性、真实性和发现新的重大问题都具有意义。

反复论证法。

指调查人员对询问中的重要问题和重要情节，在被询问人已作出陈述保证的情况下，故意对其重复询问，以此反复论证，保证证词的准确性。值得注意的是，如果被询问人当场或之后推翻了自己做出的陈述，应查明其推翻的原因是更正还是作假。另外，还要掌握制止被询问人说假话的几种方法：

一是利用谈话内容里的内在矛盾；

二是利用谈话内容同其他证据之间的矛盾；

三是查明说假话的原因，并采取措施消除这些原因；

四是对询问对象表现出来的好的品质予以表扬；

五是告诉被询问人有意做伪证或隐瞒要负法律责任；

六是必要时出示证据；

七是根据掌握的证据反复提问促其消除侥幸心理，以便进一步开展调查工作。

（2）帮助被询问人回忆的方法

因时间或环境的影响，人们对以前的事物会逐渐淡忘，记忆不清。如果能有效地帮助被询问人回忆，访问效果将事半功倍。帮助回忆的方法有：一是创造良好的回忆环境，避免过多干扰，必要时可将被询问人带至当时他所处的现场。二是先谈记忆清楚的情节，再逐步推开、前后贯连。三是利用联想刺激法。帮助回忆一个部分或细节而联系到另一个部分或细节，通过回忆记忆深刻的事物联想到相近的事物，利用时间或空间上的接近联想，性质或特征上的相似联想或对比联想，以及事物之间联系的关系联想帮助回忆。四是向被询问人提出其他证据，如介绍有助于恢复记忆的其他人的部分证词等。

（3）对症下药，消除陈述障碍

人的心理状态不同，在调查询问中表现出的配合态度往往也不同。调查询问人员要有耐心，有礼貌，不能动不动就发火。要听其言，观其行，然后有的放矢地做思想教育工作，点破"心病"，促其转化。

（4）察言观色，捕获有利时机

当外界的刺激作用引起情感、情绪变化时，人就会通过一定的言行及面部表情等形式表现出来。具体表现为：

人说话语调的升高表示兴奋或说谎，很大的音量表示生气发怒，音调非常高的赌咒发誓更可能是欺骗的迹象；

人在极度紧张时会出现肌肉颤抖、说话结巴或说不出话来等现象；

被询问人坐立不安，手足无措，表明其心神不宁、拿不定主意；

被询问人低头看着地面，身体前倾，双手交叉放在膝部或不停地搓动时，预示着心理防线已经动摇；

被询问人眼睛环顾四周，东张西望，似笑非笑，装着满不在乎、轻蔑的样子，可能是伪装冷静；

眼睛斜视是在有意掩饰内心活动；

眼睛下垂，不敢与调查询问人目光接触或偷看调查人员神情，是心虚恐慌的表现，说明其心理防线已经崩溃。

（二）审查和验证证言

1.审查和验证的必要性

验证人证言并非都能完全证明火灾事件的真相，只有那些确凿的符合实际情况的证言，才能作为认定起火点和分析火灾原因的依据。证人证言的可靠程度，在很大程度上取决于证人对这个事实接受得怎样。证人对一个事实接受的程度又取决于主、客观方面的因素，包括生理、心理现场实际及客户环境等。现实中，被询问人与火灾责任者有利害关系，可能作出包庇或陷害他人的证言。被询问人如果与火灾责任有一定的关系，为了转移目标、推卸责任，也可能故意提出假情况，故意扩大某些与自己无责任的情节，隐瞒某些不利于自己的情节。因此，有必要对被询问人提供的证言进行审查和验证。

2.审查和验证的方法

审查和验证主要从以下几个方面着手：

一是审查被询问人的年龄、性别、职业或身份，以判断其认识问题、分析问题的能力；

二是审查被询问人发现起火的时间和当时的位置和行动；

三是审查被询问人的感知，观察火场时的环境条件。如与起火部位的距离，天气情况，光线如何，有无影响视线的障碍物，精神是否紧张。检验发现人当时站立的位置能否看到他所讲的一切；

四是审查被询问人的身体和生理状况，确定其记忆能力、理解能力；

五是审查被询问人的情况来源，是耳闻还是目睹；

六是审查被询问人与火灾责任的关系，被询问人与火灾责任者或嫌疑人的关系，以及被询问人的一贯表现；

七是审查证言中的具体内容和细节是否符合客观事物的发展规律；

八是审查被询问人的前后证言之间以及和其他证据之间是否有矛盾。

三、询问人员的社会关系

被询问的相关人员大多是与火灾事故现场有一定关联的，也就是说可能事故的发生与被询问人员存在因果关系，一旦将事故的责任界定，部分人就有可能面临罚款甚至背负相关刑事责任等情况。在询问的过程中，部分人员可能会出现不配合的状况，也可能为了逃避自身要承担的责任进行撒谎的行为，或者是胡编乱造，对事故发生的真相进行隐瞒，从而使得事故的调查走入死胡同，这对火灾事故的认定有很大的阻碍。也就是说在进行调查询问的过程中，要对提供证词的人员采取一定的怀疑态度，尤其是针对部分火灾肇事人，最好的解决办法就是借助物证让他说出真相，或者是借助相关人员的证词对火灾肇事人进行震慑。

在进行调查询问的过程中，可以将相关人员分为两个队伍，一部分人员是不用承担重大责任，只需口头批评教育或者罚款的人员，这些人员通常所需承担的责任较小，进行一定的思想教育之后，其所提供的证词具有很大的真实性；而对另一批人员，由于其提供的证词存在大量的虚假，都是为了逃避自身的责任而进行的狡辩。询问人员在选择处理方式上，对承担责任较轻的人员的执法经验相对欠缺，执法时间较短，通过学习了一定的执法方式之后，才能对相关人员展开询问调查。从结果层面来看，学习是十分有效的。但是如果责任重大的火灾肇事人让缺乏执法经验的人来询问，就会产生使人失望的结果。

因此在询问的过程中，要选用经验丰富的人员，这就对询问人员提出了严格的要求。怎样才能在最短的时间内获得更多的线索：随着时间的推移，火灾事故现场也有一定的特殊性，部分关键性的线索可能会因为火的焚烧而消失，这就需要执法人员具备专业的素质水平和能力，通过不断完善自身的知识技能，从而高效完成被布置的任务，给人民群众一份满意的答卷。

第三节　询问的步骤与方法

一、火灾询问步骤

（一）确定被询问对象

被询问对象中受害人、报案人及扑救人员一般容易确定，而火灾知情人的确定较为困难。确定知情人的方法有：

在现场周围围观的群众中寻找；

在现场周围居住的人中寻找；

在现场附近工作、学习及经营的人员中寻找；

在当事人的社会关系中寻找。

（二）熟悉和研究火灾情况

询问时应了解和掌握的火灾情况主要有：

火灾基本情况；

现场勘验情况。

（三）拟定询问提纲

在正式询问前，调查人员要拟定询问提纲，对重要的被询问对象应拟定书面的询问提纲。拟定的询问提纲应包含的内容有：询问的目的、被询问对象、询问顺序、被询问对象的基本情况、询问的时间和地点、询问中可能出现的问题和困难等。

（四）实施具体询问

具体询问工作按下列步骤进行：

向被询问人讲明身份，出示证件，提出询问的目的；

向被询问人讲明公民作证的义务，以及有意作伪证或者隐匿罪证应负的法律责任；

让被询问人根据提问自由陈述；

调查人员根据被询问人的陈述，提出应补充的情节问题，让被询问人作出补充回答；

核对询问笔录，让被询问人在笔录上签名。

二、火灾事故调查询问的方法

火灾案件侦办过程中，调查询问是一项基础性工作，是获取与火灾有关信息的基本手段。

调查询问成效如何，直接关系到火灾原因、责任的认定和损失的核定，关系到对责任者的处理，关系到保护人民生命财产和国家财产安全，打击消防违法犯罪行为等众多问题。因此，在调查询问过程中，明确调查询问对象和将要调查的内容至关重要。

（一）针对不同对象问不同问题

对最先发现火灾的人，通常是报案人，要问其在什么时间、什么位置、怎么发现火灾，以及发现火灾的简要过程，还有发现火灾后的燃烧状况、火灾现场情况、火场有无异常；他本人都采取了哪些措施；火场周围有无其他人员，如果有人，这些人当时在干什么等等。

对最先报警的人，要了解其报警的过程，特别是怎么知道发生火灾的。

对最先到场救火的人，这些人往往是火灾现场的见证人，因此要问什么时候知道着火了；他本人是如何进入现场的；火是从现场哪个部位着起的；烧的是何物、有何异味；当时还有哪些人在场，这些人是否认识，不认识的扑火者有哪些特征、用什么器材灭火。其目的在于证实起火部位、起火点、起火时间、燃烧了多长时间。

对当时在现场的人，这种人是直接见证人，要问明白起火过程，起火时他本人当时在何部位，干什么；当时还有谁，在做什么。怎么引起的火灾，烧的是何种可燃物，是怎么扑救的。

对从火场抢救出来的受伤者，要问在何种情况下发生火灾，怎么被烧伤，什么原因引起的火灾。必要时要在医生的协助下进行。

对最后离开起火部位的人，要询问离开前是否用电用火，是否有人吸烟，是否堆放可燃材料。如果有，则要问这些物品与现场火、电等热源的距离。还要问离开时是否关灯、断电，是否关好窗户，锁了门。如果锁门，还要问门锁有几把钥匙，都是哪些人持有。同时也要让其分析是何原因引起火灾，理由是什么。

对熟知起火部位情况的人，要问起火部位的起火源、热源情况，电气设备的位置，导线、管线的走向，室内各种陈设的布置，机电设备、办公设施及可燃材料的堆放的状况，发生火灾的可能原因，过去是否发生过火灾等等。

对熟知生产工艺的人，要了解工艺过程中发热部位、部件及其通常温度；有哪些部位经常有泄漏，泄漏部位与发生火灾的部位的距离等问题。

对发生火灾的单位、场所负责人，要了解其是否同职工、群众近期有矛盾；本单位、场所规章制度的贯彻执行情况；火灾损失情况；过去发生过何种火情，如果发生过，是什么原因；这起火灾大致原因是什么，为什么。

对值班员、保管员等人员，要问其当班巡查、检查情况，是否发现过异常，有无引起火灾的线索；对这起火灾怎么看，理由是什么等。

（二）调查询问应当问明并记录在案的要素

调查询问材料以叙述为主，中间夹带被询问人对事件、人物等说明、议论。因此，在记录过程中，要注意把握时间、地点、人物、事件、原因和结果等"六要素"。有的案件还要询问行为人的动机、目的。

时间，具体得分，通常问到分即可，但与易燃易爆场所、危险化学品有关的最好要记录的秒。时间涉及起火、爆炸的形成，涉及责任人的违法、犯罪行为的实施时间，也关系到与生产流程、特性有无矛盾的问题，关系到被询问人提供的信息是否真实。没有时间即没有责任。

地点，关系到火灾发生的空间，关系到行为人的行为能否引起火灾，也关系到火灾性质问题，如用放火的手段烧毁他人特定财物，则性质是毁坏私人财物；在停放多辆汽车的停车场故意点燃其中一辆汽车，则性质是危害公共安全。

人物，通常要问清姓名、别名、性别、年龄、文化、程度、职业、专长、外貌、衣着、语言、习惯动作等特征。人物关系到火灾事故责任，特别是其中的年龄和行为能力，务必要详细、确实记录在案，确定为责任人后，还要到户口管理部门查证。

事件，即由谁，做什么事情，引起什么可燃物起火蔓延成灾。特别要注意要具体到某某牌棉织品工作服起火，引燃油棉纱蔓延扩大成灾。即必须是唯一确定的，单说引起衣服着火，没有确定行为人的行为与火灾之间有因果关系，就不能明确责任人应负的法律责任。因此，必须把燃烧物的状态写进去才行。记录事件的过程，就是确定因果关系的过程，因果关系不明，无法定案。

原因，关系到行为人的主观心理状态。是过失，则是失火，是故意，则是放火。行为人造成火灾的内心动因不同，则承担的责任不同。

结果，即损害大小，这关系到责任人承担责任的大小。凡是有责任性质的火灾事故，损害大小就是对责任人进行处理的证据。我们把火灾划分为一般、较大、重大、特别重大几种，正是基于火灾损害大小。结果的不同，责任人承担的责任（行政、刑事、民事）也是不同的。当然，其中行政、刑事责任有些是消防机构自侦案件，有些是刑侦部门侦办的，有些也是消防机构以主管公安机关名义侦办的，有些是消防机构依照《治案管理处罚法》的规定进行调解处理的。

三、典型案例分析

（一）案例简介

2019 年 1 月 5 日 20 时 40 分，某地区现代农业示范园突发火灾，火灾面积大概为 340m²，导致十二间活动板房与房间中放置物品统统被烧坏，财产损失达到了 110 万元左右，没有人员伤亡。火灾出现以后，火灾调查人员及时赶至现场，对发生火灾的建筑情况、人员居住、火势发展做了走访与了解，初步了解了火灾事故基本情况，同时明确了询问对象与内容。

（二）调查经过

调查当事人李某，即雇主和邻居张某等证人，均反映王某（职工）有用木材烧炭取暖的习惯。可是调查人员询问王某活动情况时，他并未提及该事情，而且否认使用木材烧炭取暖。调查陷入困境，不能获得直接证据表明火灾起火源。

火灾现场勘察中，调查人员在发生火灾位置发现了电饭煲铝制内胆以及木材炭灰，可是电饭煲铝制内胆只剩下了一个圆形底座，且底座周围已经被烧坏了，符合从内到外燃烧特点。据此，在消除故意纵火与线路故障等以后，原因汇聚在王某在当日下午用了木材烧炭取火，相关人员对其做二次询问，可依旧毫无结果。

调查者调整了询问策略，使用外围对策，对王某妻子进行单独询问，根据王某当天活动、和其与王某见面时间等着手。进而了解到王某在火灾发生当日下午五点在所居住房内摆弄火盆生火，六点离开，他把铝制内胆火盆放置于床底，且到食堂吃饭以后开车至城区唱歌，一直到起火。本次调查中，王某意识到自己行为带来的不利后果，始终在回避重点，不想提到生火事实。最后，调查者结合证人证言、火灾现场和询问具体情况，认定火灾出现部位和发生火灾的原因。

第四节　询问笔录的制作

一、制作笔录前的准备

一定先了解情况，对关键环节做出判断。这一要领的难点在于快速判断关键环节，工作人员应争取在做笔录前十分有限的时间里多了解火灾情况，同时抓住时机收集提取固定其他证据。

一定先列提纲，对本次笔录要问的内容、要调查解决的问题做到心中有数。这样可以增强笔录的目的性、条理性和逻辑性。

排除干扰，搞好心理调节。要有吃苦耐劳、求真务实的工作作风，要有刨根问底、攻坚克难的精神状态，要坚持实事求是，排除来自各方面的干扰，切忌工作浮躁和先入为主。要做好心理调节。调查访问时和蔼的态度能促使被访问人对调查人员产生好感和信任，缓和谈话的紧张气氛，便于回忆；粗暴的态度将招致相反效果。坚决的态度往往使被访问人感到在调查人员面前难以蒙混过关，可防止隐瞒和作伪证，而优柔的态度，效果往往适得其反。

二、制作笔录过程

提纲里列出的问题，不管被询（讯）问人如何回答都应记录。火灾调查人员在证人作否定回答时，常常认为没有价值不做记录，这是十分不好的习惯。怎么回答是一回事，某个细节问题我们有无调查、某一问题有无问及是另一回事。有的火灾刑事案件到了公安局、检察院被退回补充侦查往往就因为要补问一两个问题，而这一两个问题往往是问了只是没在笔录上记录。

有关证人、物证的记录要尽可能详细。这关系到能否找到证人，能否收集到相关物证，关系到这些人证、物证的证明效力，关系到各种证据之间能否相互印证，关系到各种证据能否形成完整的证据链。

注意使用法律用语。这里指的是"问"中的用语，如岁数，要用周岁提问或核实，这一点关系到行为人是否具备独立责任能力、有无法定从轻情节、是否有被追究刑事责任能力。

紧扣法律规定，围绕法律规定进行提问和调查。严禁刑讯逼供或者使用威胁、引诱、欺骗以及其他非法的方法获取供述。关键字句不要先出现在"问"中，以避"指供""诱供"之嫌，关键字句最好在"答"中出现后，在"问"中加以重复和强调。关于重要情节要专门单独发问，由被询（讯）问人重述。

区别不同对象确定笔录的语气和提问的侧重点。制作火灾肇事者笔录与制作证人笔录不同，制作证人笔录与制作受害者笔录不同。

特殊情况要妥善处理。有法律规定的按法律规定操作，无法律规定的动脑筋想办法：

当被询问人拒绝签名时，应当在笔录上注明。为了使所制作的笔录具备证明力，当被询问人拒绝签名时，火灾调查人员应针对其心理特征讲解法律法规的有关规定，进行说服教育，对其拒不签名的理由、借口进行批驳，仍不奏效的应当在笔录上进一步注明当时的情形。此外，对重特大火灾事故，对重要的犯罪嫌疑人应采取辅助手段，利用录像机对说服教育和批驳的过程录像，以视听资料固定。这样做的好处有：第一，已制作的笔录不因拒绝签名白费功夫；第二，把被访问人抗拒态度固定在案，对其造成心理压力。

被询问人，大多是证人拒绝签名，通常因为害怕打击报复，或因有亲属关系存在顾虑，火灾调查人员应针对其心理特征讲解法律法规的有关规定，进行说服教育。仍不奏效的应当在笔录上进一步注明当时的情形。重特大火灾事故的目击证人拒不履行作证义务的，必要时应进行录像，以视听资料固定。

询问未成年人时，应当通知其家长、监护人或教师到场，有利于未成年人消除或减轻紧张、恐惧等不利于询问的心理以及一些思想顾虑。针对未成年人的特点，应选择未成年人熟悉的环境、场所询问，使他们能够将自己知道的情况全部反映出来。

询问聋、哑人及不通晓当地语言文字的人员、外国人时，应当配备翻译人员，并在笔录上注明证人的聋、哑情况，以及翻译人的姓名、工作单位和职业。

被询问人为文盲时，应由与案件无利害关系的见证人阅读笔录，并分别签名见证该笔录读给被访问人听过，访问人表示与其所说的相符；对要办理刑事案件的，尤其是重特大案件、重要的犯罪嫌疑人为文盲时，最好通过视听资料固定其供述和辩解。

被询问人变卦或胡搅蛮缠、无理取闹、撒野耍赖时，应进行录像，以视听资料固定。

给处于病危状态中的当事人做笔录时，应有见证人在场。询问后，应在笔录上加以说明，并由法定代理人或证人签名。

三、制作笔录后

（一）提高对笔录材料的综合判断能力

主要是指有纠纷的火灾案件，尤其是涉及多人且其各执一词的火灾。对这类火灾综合判断现有证据有几个技巧：

抛开各执一词的当事人双方笔录，以无利害关系的证人证言作为认定案件事实的依据。即使证人比当事人少，证人笔录的数量比当事人笔录数量少，如果证人笔录全面、细致，其客观性决定其可以被采信程度，完全可以作为认定案件事实的依据；

以客观的鉴定结论和现场勘查为认定的依据；

以此方式的证词作为认定彼方行为的依据，双方都作出处罚。通过相互指证"各打五十大板"比不作认定、都不处理、拖而不决好。如果限于客观条件，已无继续调查取证的余地，应当机立断，该断不断，将反受其乱。

（二）程序方面的要求绝对不能忽视

笔录不仅要由被询问人签名、捺印，涂改、增删、超出行高列宽、字间距不同（疏密不一）、中间空白的地方也要打指印确认，这些地方往往容易被忽略；

笔录的询（讯）问人、记录人必须分别签名，杜绝一人办案，交叉询问等违反程序的做法；

规范填写笔录头，区分第一次与第若干次笔录头，区分询问笔录和讯问笔录；

起止时间填写确切，不能出现时间上的冲突；

规范地进行笔录核对，由被询（讯）问人亲笔书写的"以上笔录我看过（或读给我听过），与我所说的相符"的字样；

字迹清晰，容易辨认。

综上所述，火灾调查和火灾调查询问是一项涉及面广、时效性强、要求严谨的工作，火灾调查人员应当以认真、严谨、细致的工作态度，从讲政治的高度，注重证据意识、时效意识和诉讼意识的增强，在调查、询问中坚持及时、全面、客观、细致、合法的原则，才能使调查、询问顺利进行，进而为火灾调查取得成功打下坚实的基础。

第五节　对证言和陈述的审查

一、证据审查评断的意义

就火灾调查来说．证据是证明火灾真实情况的一切事实，是认定火灾事实的根据，但任何未经审查评断的证据都不能作为认定火灾事实的根据。由此可见，对证据的审查评断是调查火灾的必经程序，其对准确认定火灾事实具有十分重要的意义。

（一）通过审查评断证据

可以鉴别证据的真伪和证据的价值。火灾调查获取的各种各样的证据，有直接的，有间接的，有原始的，有传来的。这些证据有真有假，有实有虚。真假、虚实混杂在一起，只有通过对这些证据进行审查评断，才能确定哪些可以作为证据使用，应当保留，哪些则不能使用，应当剔除，由此达到去"去粗取精．去伪存真"的目的。通过对证据的比对，判定哪些证据证明力大一些，哪些证据证明力小一些。运用推理、判断，"由此及彼，由表及里"地达到对火灾事实逐步深入认识的目的。可以说．审查评断证据是认定火灾事实不可或缺的重要环节。

（二）证据审查评断

在火灾调查中具有十分重要的地位和作用。公安消防部队承担的调查火灾、解决火灾认定争议、复核火灾认定、审查火灾信访事项和业务工作考核等重要工作，都离不开搜集证据，运用证据。收集、运用证据的能力，直接决定着火灾调查工作的质量。由此可见，证据是火灾调查工作的脊梁。

如何保证证据的质量。

准确证明火灾的真实情况和判定原火灾认定的正确与否，都离不开证据和对证据的审查评断。也就是说，审查评断证据是完成上述任务的重要保障。

（三）证据审查评断

在火灾调查工作中具有十分重要的现实意义。一些火灾调查人员在现实工作中偏重于搜集证据，不注重查证证据，更不重视证据的审查评断。他们不善于在证据的层面上讨论问题、解决问题，即不善于"用证据说话"。对作为认定火灾事实根据的证据，这些人既不做定性的审查，也不做定量的判断。因此，时常出现认定质量不高或作出错误的火灾认定。因火灾调查引发的信访事项也呈逐年上升趋势。由此可见，如果火灾调查人员都能自觉地增强证据意识，提高运用证据的水平和能力，在证据的层面上讨论、认定火灾事实，复核火灾认定，解决火灾认定争议，必将收到很好的效果。

二、证据的证据能力和证明力

证据有两个基本属性：一是证据能力，二是证明力。

（一）证据的证据能力

证据能力的基本内容有三个方面，即证据的客观性、证据的关联性和证据的合法性。也即人们常说的证据的"三性"。

1.证据的客观性

就火灾调查而言，客观性应当包括两个方面。首先是证据的内容必须具有客观性，必须是对火灾事实的客观反映；其次，证据必须具备客观存在的形式，且必须是人们可以用某种方式感知的，看得见摸得着的东西。如：询问笔录、现场照片、现场制图、勘验笔录或物证鉴定结论等，都是对火灾事实的客观反映，并且可以被人们通过阅读和观察来感知，符合证据的客观性标准。但是，存在于某人大脑中对火灾事实的反映，没有通过证人、证言等形式表现出来，无法让他人感知，就不符合证据的客观性标准。

2.证据的关联性

证据的关联性是指证据必须与需要证明的火灾事实有一定的联系，且具有实质性的意义。火灾调查中主要从以下两个方面把握火灾证据的关联性。一是证据能够证明火灾的什么事实。如一组现场照片表现的火烧、烟熏痕迹。能够证明火势的蔓延方向，进而证明起火点所在之处。火灾物证鉴定结论为一次短路熔痕，可以证明火灾原因是电气短路等；二是证据证明的火灾事实对火灾调查有没有实质性意义。如第一报警时间晚了许多的报警时间，对火灾调查就没有实质性的意义。

3.证据的合法性

证据必须在主体、形式和程序上符合有关法律的规定，才能用来证明火灾事实。

一是证据的主体必须符合有关法律的规定。如证人要有行为能力，火灾物证鉴定机构要有资质，鉴定人员要有鉴定资格等；

二是证据的形式必须符合有关法律的规定。如测谎结论、现场实验报告等都不是法定的证据形式；

三是证据的收集或提取方法必须符合法律的有关规定。如采用刑讯逼供手段取得的口供、没有被询问人签名或捺指印的询问笔录等都是不合法的证据。

（二）证据的证明力

证据的证明力是指证据对于火灾事实有无证明作用及证明作用如何。证据的证明作用是证据的本身固有的属性。只要证据具有客观性并与火灾事实具有关联性，就具有一定的证明力。但各种证据因性质不同，并且与所证明的火灾事实的关系不同，因此对于所证明的火灾事实具有不同的证明价值，发挥着不同的证明作用。也就是说对于证明某一火灾事实，各证据所发挥的证明作用是不同的，有的证据证明力大些，有的证据证明力小些，有的证据就不具有证明力。如有人证明某儿童实施玩火的时间模糊不清，并且对玩火情节描述也含糊不清，那么此证据就不具有证明力。

三、证据的审查评断

火灾调查证据审查评断是火灾调查人员进行火灾认定之前，对调查所获取的证据进行分析、研究和判断，找出它们与火灾事实之间的客观联系，确定其证据能力有无和证明力大小的一种特殊活动。未经审查评断的证据不能作为认定火灾事实的根据。

审查评断证据的主要内容是证据能力和证明力两个方面。对证据能力的审查评断是初始审查，而对证明力的审查评断是在证据能力审查基础上的深入审查。对证据能力的审查评断是基于法定规则的审查，而对证明力的审查评断主要靠充分发挥火灾调查人员的主观能动性。

（一）对证据能力的审查评断

证据能力的审查评断主要是针对单个证据。所有拟作为认定火灾事实根据的证据材料，应当逐个进行证据能力审查评断。具有证据能力的作为认定火灾事实的根据，不具有证据能力的予以排除，也就是说，审查评断证据能力是解决单个证据能不能使用的问题。

1.具有证据能力的标准证据能力标准主要体现在证据的客观性、合法性和关联性三个方面：

证据的内容必须是对火灾相关客观事物的反映，具有客观的外在表现形式；

每一个具体证据必须对证明火灾事实具有实质性意义；

证据的主体、证据的形式和证据的收集程序或者提取方法必须符合有关规定。

2.审查评断的主要内容

认定火灾事实、复核火灾认定、办理火灾信访事项和火灾调查工作业务考核，主要从审查以下具体内容入手：

证据材料中证人主体是否符合法定要求；调查活动是否由两名以上火灾调查人员实施；询问人、被询问人、证人、见证人或当事人签字、签名是否符合要求；证据的来源和收集证据的方法是否合法；委托物证鉴定、进行尸体检验的机构资质、鉴定人资格是否符合法定要求；搜集视频监控、手机视频资料等提取物证的过程是否符合法定程序。

询问笔录、现场勘验笔录、现场照相等证据的内容，是否与待证的火灾事实（起火时间、起火部位、起火点、起火原因和灾害成因）有关联；有无证据证明火灾物证是在起火部位或起火点提取的，且该物证鉴定结论与起火原因有关联。

证据是否客观地反映了火灾事实，证据的形式是否属于法定的证据种类。

（二）对证明力的审查评断

证据证明力的主要内容是证据的真实性和证据的证明价值。可见，对证据证明力的审查评断，其一是审查证据的真实性，其二是审查证据的证明价值。对证据证明力的审查评断不仅针对单个证据。而且要针对一组证据乃至全案证据。

1.审查证据的真实性

证据的真实性是指证据的真实可靠程度。审查证据的真实性要从两个方面入手：一是证据来源的可靠性，二是证据内容的可信度。

证据来源的可靠性，取决于证据提供者的能力与知识和证据提供者的身份与动机两个方面。如生产装置发生火灾。证人是专业技术人员，有一定的文化水平，熟悉生产工艺，那么，他感知火灾发生、记忆火灾情形和接受询问时的表达能力等都比较强，这类证人提供的证言材料可靠性就比较强；再如，某证人提供了证言材料，后经调查，该人是发生火灾单位老板的亲属，并且受到过老板的恩惠，这类证人提供的证言材料可靠性就比较弱。由此可见，我们进行调查询问时了解被询问人基本情况、主要社会关系是十分重要的。

证据内容的可信度取决于证据内容的可能性、证据内容的一致性、证据内容的合理性和证据内容的详细性。如某证言提供者是色盲，却看到了初期火灾的颜色；几份证人证言材料，证明起火情况大致相同，另一人提供的证言却与其他证人证言相去甚远（后经查实该人是放火嫌疑人）；某起火点处找到了直径约3mm的金属熔珠，经鉴定是一次短路熔珠，欲认定起火原因是电线短路，但补充勘验时发现该供电回路保护为5A熔丝。

上述三个证据材料的可信度都很低或者说不可信。此外，某人不但提供了起火特征、火势蔓延过程，还提供扑救经过，还感知到了烟、火颜色、气味等细节，这份证言可信程度就比较高。

2.评断证据的证明价值

证据的证明价值既可以是就单个证据而言，也可以是就证据组合而言。如果某个证据或者证据组合足以证明该火灾事实存在或者不存在，那么就可以说其具有较高的证明价值。与证据的证据能力不同，法律对证据的证明力标准没有具体的规定，审查评断证据的证明力、证明价值，要靠火灾调查人员的实践经验和主观意识，根据具体情况，通过分析、推理，并附带有"自由裁量"色彩的主观思维活动来完成证据的审查评断。

（三）对全案证据证明力的综合审查评断

在分析了单个证据或一组证据的证明价值之后，还应当分析全案证据的证明价值，使火灾调查人员对发现、收集的已知证据有一个整体的评价，为最后作出结论提供决策依据。全案证据证明力应当符合下列要求：

各个证据都应当与待证的火灾事实有关联。

全案证据与火灾调查人员的推定相结合，能够证明待证火灾事实。

全案证据应当构成一个有机整体，形成完整的证据链：证据之间没有矛盾，或者虽有矛盾但能够得到合理解释。例如，询问笔录、鉴定结论、现场勘验记录等证据材料，是否与待证火灾事实有关联，它们能够证明什么火灾事实；现场勘验笔录、现场照相、现场绘图等现场勘验记录记载的主要事实是否一致，能否相互印证。火灾调查过程中，时常出现不同意见，双方各执一词，而且都有一组证据证明各自的观点，认定意见难以统一，即发生了所说的火灾认定争议。此时，运用证据审查评断这一手段，对证据的证据能力和证明力进行审查评断，再将结果进行比对，就可比较容易地做出认定结论。

第五章　火灾事故调查的痕迹

第一节　火灾痕迹的类型

一、火灾痕迹的定义

物体经过燃烧，受到热力作用之后，它的物理属性和化学属性会发生一定的变化，这种变化的现象就被称为火灾痕迹。从火灾痕迹形成的过程来说，火灾痕迹就是热辐射、烟气流等火灾作用的产物。对于火灾调查人员来说，火灾中可以被观察到的物理属性和化学属性的变化情况是调查人员运用火灾痕迹的方法来对火灾的形成原因、发展过程进行分析的基础条件，所以就要求调查人员在火灾现场认真、仔细地搜寻各种痕迹，并对这些痕迹之间的因果关系进行分析，归纳和总结出这些痕迹之间的内在关联性和证明特征，实现对火灾原因的有效论证。

二、火灾痕迹的分类

火灾痕迹并不是凭空捏造的，而是真实存在于火灾现场。如果能够正确对火灾痕迹进行分析和运用，就能帮助调查人员准确了解火灾现场的发展情况。这是因为火灾痕迹和火灾的发生具有千丝万缕的联系。不同的火灾痕迹对于火灾原因的证明力度也是不一样的，所以就需要调查人员去伪存真，掌握最能证明火灾现场变化的火灾痕迹，为确定火灾原因提供相关证据。

（一）可燃物燃烧痕迹

根据可燃物燃烧的蔓延、碳化、灰化、熔化痕迹认定起火点。

可燃物，根据有关标准规定，是指在空气中受到火源或高温作用，能够发生燃烧，且火源移走后仍能继续燃烧的物质。通俗地讲，可燃物就是在空气中能够着火的物质。只要是着火了，每个火场都有可燃物，否则就不会起火燃烧，引起火灾了。可燃物从形态上可分为固态、液态、气态三种，从认定起火点意义上讲，常见的主要对象是固体可燃物。可燃物燃烧痕迹是可燃物在不同的燃烧条件和位置、环境中受不同的燃烧温度、时间作用后形成的形貌特征。主要有蔓延、碳化、灰化、熔化等痕迹。这些痕迹特征体现了火场上可燃物被烧轻重、受热面和非受热面等，它揭示了可燃物与起火点的关系，指示了最先起火物体的方向。

可燃物燃烧轻重、受热面和非受热面的判定：可燃物燃烧痕迹在火灾调查中应用的关键有两点，一是可燃物燃烧的轻重，二是可燃物的受热面和非受热面。

火场上着火燃烧蔓延发展规律证明，起火部位附近的可燃物燃烧一般规律为可燃物距火源由近向远延伸扩展蔓延。同一时间内距火源近则烧得重，远则烧得轻。同种可燃物，被烧轻重与起火点距离的关系是：距离起火点近的可燃物先被加热燃烧，被烧损程度重，相对远的物质被加热晚、烧损程度轻。火场中可燃物被烧轻重程度指明了起火点位置，重的一侧指向起火点的方向。可燃物被烧轻重程度判定标准是：固体可燃物被烧后，其轻重程度主要表现在形态变化上，从物体整体上表现为，体积变化为主，即烧损部分重量越多，出现的碳化、灰化越多，破坏程度越强，被烧程度越重，反之则轻。另外，从物体长度截面的变化上，一般是被烧物体长度变短，截面变小的程度越大，说明被烧程度越重，反之则轻。

其次，火场燃烧以热辐射形式传播，即热能直线传播决定了可燃物体上形成明显的受热面（迎火面）和非受热面（背火面），受热面指向火源方向。可燃物受热面和非受热面判定标准是：受热面实质上就是朝向着火燃烧的那一面，也叫迎火面，可燃物的受热面特征也是主要表现在形态上的变化，即碳化灰化特征及外观变形烧损破坏程度，这是判定受热面和非受热面的主要依据。目前主要是采用测定可燃物烧损物体碳化深度来完成的。具体就一个烧毁物体讲，首先，观察其表面的碳化多少及形态的变化程度；然后，用仪器测定，测出其各面的碳化深度值，一般情况下碳化面积大，碳化深度值大的一面就是受热面。在火场勘验时必须抓住这两个关键点，准确判定"重和受热面"。

随着科学技术的发展，社会进步，高分子合成材料广泛应用于生产生活各个领域，有关火场的残迹也比比皆是，这些可燃物体在火场上燃烧程度的轻重，受热面和非受热面主要判断依据是其燃烧受热、变形、变色、软化、熔融、焦化、碳化等痕迹特征来判定。

（二）倒塌痕迹

火场的倒塌掉落痕迹是建筑物构件和某些物体受燃烧高温作用后，失去静止平衡状态，由原位置向失重的方向发生移动、转动并发生变形破坏，而后其残迹在新位置重新建立稳定平衡的状态现象。火场中建筑物构件和物体发生倒塌、掉落的位置，主要与首先被烧的部位和破坏程度有直接关系，其规律是：距火源近的部位或受燃面，首先被烧毁而失去强度发生变形折断，使物体失去平衡，而向失去承重的一侧倒塌掉落。倒塌的形式掉落堆积状态千变万化，但都具有一定的方向性和层次性，都向着火势蔓延方向和起火点方向倒塌掉落，倒塌掉落的方向部位就是朝向起火点的方向。

（三）电容痕迹

电气化带来现代化，同时也带来了电气火灾的烦恼。电气火灾一般都是由导线短路和超负荷引起的，同时火场内留下了短路和超负荷的电熔痕迹。无论是短路还是超负荷引起的电气火灾都是电流热效应的结果。电气线路中不同电位的两根（两极）或两根以上的导线，不经负载直接接触被称为短路。短路瞬间温度可高达2000℃以上，使铜（熔点1100℃）、铝（熔点660℃）导线局部迅速熔融气化，造成导线金属熔滴飞溅成为熔珠，从而在电气线路上形成短路点，熔化相对应点形成了凹坑。超负荷熔痕是导线截面积与用电设备功率不匹配，或用电设备故障及保险丝装置失效长时间短路造成导线负荷过大产生电流热效应，使导线产生的熔化、折断、结疤等痕迹，其绝缘层内焦、松弛、滴落，此痕迹分布在超负荷导线的全线上。火场中电熔痕最难区别的在于是短路、超负荷熔痕引起着火，还是其他原因着火造成的火烧熔痕。实践证明引起着火的电熔痕特征是：短路熔痕引起着火，只在导线某个接触点上，有时熔断端形成熔珠，其金属熔珠形体光圆，无灰质，未熔断的导线对应有凹坑、凹坑有毛刺、光洁。超负荷引起着火，其电熔痕遍布整个导线，结疤形状断节不规则，绝缘层内焦化、松弛、滴落。这两种电熔痕都能引起着火，其起火点就在电熔痕处。

（四）金属的燃烧变化痕迹

金属种类很多，一种是黑色金属，主要包括铁和钢及其合金，另一种是有色金属，主要是金、银、铜、铝、锌、锡及其合金。一般来讲，黑色金属强度、硬度、熔点高于有色金属，无论是黑色金属还是有色金属在建筑工程中都广泛应用。由于金属具有不燃性、热膨胀性、导热性、导电性、熔化性，在建筑火灾中留下了大量的变色、变形、熔化等燃烧痕迹。特别是在可燃物充分燃烧，可燃物燃烧痕迹残留极少，非金属不燃材料燃烧痕迹被破坏的现场，利用金属变色、变形、熔化等痕迹确认起火点是非常有效的。

金属材料表面氧化层变色痕迹的证明作用：金属材料受燃烧高温作用，表面氧化发生颜色变化，温度不同氧化物也不同，形成的颜色也不相同，根据这一规律找出金属材料表面氧化物层颜色和受热温度之间的对应关系（工具书查表），通过对比找出受热温度最高部位一侧。

金属变形痕迹的证明作用：金属的导热系数都很大，在火场上金属材料在高温作用下表现为局部强度降低，在外力、重力、膨胀力的作用下，形成不同的变形痕迹，这些痕迹与火场当时燃烧温度、燃烧的作用时间及受热的先后顺序有密切的直接关系。一般规律是：受热时间早，受热温度越高的部位，先失去强度变形越大。通过对比变形的部位，如果其受热时间长，温度高，这个部位相对靠近起火点。

金属熔化痕迹引起的证明作用：不论是黑色金属还是有色金属，其受热温度达到熔点温度时就开始熔化，熔化程度与受热温度时间、火源距离和受热方向有直接的关系，距离火源近，燃烧作用时间长，则熔化程度较重。

金属内部金相组织变化的证明作用：金属材料在不同温度下其内部结构晶粒大小、数量开始发生变化。火场上，金属材料在不同的燃烧温度、时间、冷却速度等条件下，会形成不同的金相组织。因此，通过已知金属金相组织可以利用金相仪器设备，检测分析火场金属材料残迹的金相组织结构，反推出起火时该部位的燃烧温度、时间，通过对比，能够找出哪个部位的温度高，燃烧作用时间较长。

（五）非金属不燃物体的燃烧变化痕迹

玻璃、石料、粘土砖瓦、混凝土及其构件等非金属不燃材料广泛应用于建筑工程中，由于其具有不燃烧、熔点高等特性，火灾发生后，这些材料大量分布于火场中，成为我们认定起火点的有利条件，特别是对于燃烧充分的火场，大量的可燃物被烧尽，残留的可燃物燃烧痕迹极少及金属燃烧痕迹被破坏时，依据非金属不燃物体的燃烧变化痕迹，对确定起火点有特别重要意义。主要表现为表面颜色变化，烧损破坏程度包括炸裂、疏松、脱落、熔化等，这些痕迹与火场温度持续时间和起火点存在着相对应的变化规律。

非金属不燃物体表面颜色变化痕迹的证明作用：火场上燃烧高温作用使非金属不燃物体发生了物理化学变化，这是由于物体组成材料在燃烧高温作用下，其表面生成了新的物质。实践证明：随着温度升高，加热时间的增加，非金属不燃物体与温度、加热时间相对应，形成不同的颜色变化，而且不同的非金属不燃物体之间颜色变化规律基本上是一致的，都是由原色到浅色的变化，这种颜色变化痕迹不仅在表面而且还渗透到其内部。这种变化对同一种非金属来讲，其组成物质的质量差异和不同的火源，包括油火、电火、木质火源，对其表面颜色变化影响不大。因此这种变化痕迹对各类火场具有普遍意义，如混凝土块和集料石块的燃烧高温试验，在时间温度标准升温曲线条件下和用木明火、电火、油火加热其表面颜色与加热时间变化规律大体上是一致的。加热时间30分钟内基本上无变化，随着加热时间的增加、温度的升高，混凝土块颜色由原色→红色→粉红色→灰色→浅黄色的顺序变化，集料石块颜色由原色→浅原色→浅白色→灰白色→浅黄色的顺序变化。根据这一规律，依据火场各个部位不同颜色变化，推算出该部位起火时曾受过的温度、燃烧持续时间、变化情况，找出受温最高、燃烧持续时间最长的部位，该部位相对应的位置就是起火点。

非金属不燃物体的强度变化痕迹的证明作用：非金属不燃物体受燃烧高温和灭火剂冷却过程中其内部组织受到破坏所产生的各种应力等，使其各种性能发生变化，强度下降，出现炸裂、剥离、脱落、折断变形等，这些材料变化痕迹烧损轻重与其所在的火场温度、燃烧持续时间成正比。一般规律：火场温度越高，燃烧持续时间越长，其部位的非金属不燃物体烧损越严重，形成的炸裂、剥离、脱落、炸断、变形等现象也越严重。通过对比找出情况最重的部位，进而确定起火部位。

非金属化学变化的证明作用：非金属不燃物体在火场受燃烧高温作用，不仅发生物理变化，而且内部也发生了化学变化，形成了新的物质。通过测定质量变化和鉴别生成的新物质等方法，确定受高温时间长的部位，进而认定起火点。如混凝土块的主要成分是水泥，在燃烧高温作用下发生变化，其中氢氧化钙和碳酸钙加热分解，生成氧化钙、水和二氧化碳，使混凝土块中氧化钙和二氧化碳含量发生了变化，通过测定现场被烧混凝土构件氧化钙和二氧化碳的含量，分析判定混凝土构件受到的火场温度和燃烧作用时间。

总而言之，非金属不燃物体距离起火点近，面向起火点部位或受燃面形成的表面颜色较浅，烧损炸裂、剥离、脱落、熔化程度较重，其强度也较低，这是起火点燃烧变化痕迹的一般规律。但是，由于火场情况复杂，除其受到灭火药剂扑救等因素影响外，也有不可预测的其他因素，个别的时候具有上述变化痕迹特征的部位也不一定是起火部位，因此在利用非金属不燃物体燃烧变化痕迹认定起火部位时，要结合具体情况具体分析，综合其他痕迹物证认定。

第二节　火灾痕迹的形成

火灾痕迹反映了火灾发生、发展和熄灭的整个过程。受火灾现场各种因素的影响，火灾痕迹的最终形成与物质本身、火势变化、现场空间、外来因素等紧密相关。

一、自身发展形成的规律性

火灾现场的任何物体都有其在火灾发展变化中的规律。在火灾发展变化中，物体可能受到火的直接作用、间接作用，也有可能受到外力的作用，无论是何种作用，其内在特性和外在形式是主因，而受到作用后，其一定会呈现出某种外在的表现形式，即使是灰烬，也表明该种物体燃烧后的一种存在形式；而从整个火场来看，火灾后总是会残留一些痕迹让我们进行分析判断。

二、火势发展变化的关联性

火灾痕迹的形成与火势的发展变化直接相关。一般来说，火灾初期阶段现场所形成的火灾痕迹特征较为简单、明了，较容易分析判断起火部位、起火点；而经过了火势猛烈阶段的火灾现场，各种痕迹特征交叉混叠，互相干扰，此时则要结合询问笔录，仔细分析，全面理解火灾发展变化的整个过程，才能分析确定出正确的起火部位和起火点。

三、火灾现场方位的空间性

大部分的火灾都是发生在建筑物内，其最终形成的痕迹往往具有明显的空间特性。譬如，靠墙壁的下部燃烧极易在墙壁上形成"V"形痕，在可燃物较多部位的燃烧易造成上部对应的天花板露筋，在某一空间与另一空间相连通的部位往往会形成某个方向的蔓延痕迹，这些火灾痕迹的空间性，可以促使我们对火灾现场进行多角度的分析和理解。

四、外因多重作用的特殊性

每个火场都或多或少地受到外因影响，这里所涉及的外因主要有风、扑救等。建筑物火灾中，风对于火灾现场的作用主要表现为火羽流和火旋风，处于火羽流状态时，火灾的蔓延主要靠辐射引燃周围可燃物。而火旋风是一种具有强大破坏力的火灾行为，在火旋风的作用下，建筑物内的物品较易被点燃。在火灾扑救中，水枪射流、门窗破拆、疏散救灾等行为措施，都对火灾痕迹的形成造成影响，因而在分析火灾现场时应充分考虑诸多外因。

第三节 火灾痕迹的鉴别方法

火灾现场痕迹物证遭到严重破坏，使勘验人员在火灾现场中发现和提取物证比其他案件现场困难得多。火灾物证又有多种种类和形式。因此，提取的方法、鉴别的技术和手段与其他案件现场也有很大区别。要对不同现场具体分析，采用相应的方法。

一、火灾物证提取技术要求

（一）火灾物证提取的原则

火灾物证的提取是一项涉及多方面的工作。要使采集的物证具有法律效力，物证采集时必须遵守三个原则：

1. 火灾物证采集必须依法进行，这是确保证据程序合法、来源合法并且可靠真实的前提。

2. 提取的火灾物证要与案件有着自然的联系，要有证明意义。

3. 提取的火灾物证要确实、充足，这既包括对物证质的要求，也包括量的要求。

（二）火灾物证提取技术要求

火灾物证要及时提取，避免其他因素的干扰而导致物证被破坏。在提取过程中要做到以下几点：

1. 先观察、拍照后再由外向内开始提取，提取典型的物证并做好笔录、照相、录像、绘图等工作。

2. 要有两个以上的勘察人员共同进行，要邀请见证人在场并做好记录。

3. 提取好物证后要分开保存，标好信息，以便进行下一步的检验鉴定和证据保存。

二、火灾物证提取方法

火灾事故调查以火灾现场为主体，从现场的起火部位切入，用归纳法按照起火部位、起火点、起火原因的顺序，逆向寻找和追查火源。查清什么火源，引燃什么可燃物，形成的火灾原因，然后再查明火灾责任，依法处理火灾责任者，这就是火灾事故调查的基本模式。火灾事故调查的基础是收集全面的证据，坚持以事实为依据、以法律为准绳，才能做出准确的判断，科学认定火灾原因。

（一）证据的种类

公安机关消防机构开展火灾事故调查工作主要依据是《中华人民共和国消防法》《公安机关办理行政案件程序规定》和《火灾事故调查规定》等法律法规。根据《火灾事故调查规定》第二十九条规定，公安机关消防机构应当根据现场勘验、调查询问和有关检验、鉴定意见等调查情况，及时作出起火原因的认定。公安机关消防机构在实施火灾事故调查中应当依据职权，依法调查收集和案件相关的能证明火灾原因的证据，正确作出火灾原因结论等。

（二）火灾事故调查取证的基本方法

《消防法》第五十一条规定公安机关消防机构根据火灾现场勘验、调查情况和有关的检验、鉴定意见，及时制作火灾事故认定书，作为处理火灾事故的证据。实施火灾事故原因调查，一般采用调查访问、现场勘查、技术鉴定、模拟试验等方法。

1. 调查询问

调查询问又称调查访问，从发现火灾情况、核定火灾损失、查证火灾前现场人员活动，确定起火点、收集物证、查明火灾责任，自始至终都离不开调查访问。一般应当向发现人、报警人、最早救火的人询问，获取发现火灾时间、起火部位的证言；向最熟悉起火部位情况的人或熟悉生产工艺的人询问，获得火源电源和可燃物的证言，以及着火源的线索；向最后接触现场的人询问，获得有关起火原因的物证；向烧伤的人询问，查询火灾是否因本人疏忽或违反安全操作规程而起；向其他有关知情人询问。

2. 现场勘查

火灾现场勘查是调查机关对火灾现场进行的勘验和调查，现场勘查项目与内容包括：

（1）环境勘查，确定起火范围

观察有无从建筑外部引起火灾的因素；火场外围的道路、围墙有无进出现场的可疑足迹；搜索环境是否有放火犯罪分子丢弃的物品；检查进入现场的门、窗有无强行进入的痕迹，从而确定是建筑物内部还是建筑物外部起火，缩小勘查范围。

（2）初步勘查，确定起火部位

根据发现人指认的起火部位，通过观察现场建筑物外部的烟熏痕迹、门窗烧毁的程度和现场火灾蔓延的趋势，进行分析比较，确定重点勘查的起火部位。

（3）细项勘查，确定起火点

起火点是引发火灾的起点，也是起火痕迹开始形成的地点。勘查人员在勘查前要向有关人员询问现场物品摆放的位置和火源、电源所在的位置，搞清现场的布局，然后逐层清除，保留地上被烧毁的残留物，通过辨认起火痕迹，寻找起火点。

（4）专项勘查，提取物证

专项勘查是以起火点为中心，从起火点的空间及灰烬中寻找并提取着火源和引火物的物证，直至收集到充分证实火灾原因的证据。

3.技术鉴定

火灾物证技术鉴定就是采用不同的分析方法和技术手段，对火灾物证物理、化学、机械、结构和形态等方面的特征进行鉴定，并对鉴定结果进行分析判断，确定火灾物证并证明其作用的过程。技术鉴定方法主要有：

（1）化学分析

对现场提取的遗留物、碳化物进行定性的化学分析，鉴定是否是物质自燃与可燃物燃烧的成分，为认定火灾提供准确科学的依据。

（2）金相分析

对电气火灾的短路、过热熔痕进行金相分析，可以鉴别火烧熔痕。根据二次短路熔痕和一次短路熔痕的特征确定火源，为认定电气火灾原因提供证据。

（3）火因鉴定

火因鉴定是火灾事故调查技术的重要领域，对重大特大疑难的火灾案件，可以聘请具有专门知识，且技术水平能承担鉴定资格的专家运用专门知识，对火灾原因作出鉴定结论。

（4）法医鉴定

法医鉴定是依据法医学的专门知识，检验死亡原因，鉴定烧伤痕迹，为认定死因提供依据。

4.模拟试验

模拟试验是为了确定火灾原因，仿照现场客观实际模拟当时现场发生的情况，用试验的方法重新加以演示。尤其是错综复杂的重特大火灾事故，遇到一时难以查证的某一事实或出现争议的情况，往往需要组织现场模拟试验，以便验证起火原因。模拟试验毕竟不是火灾前现场原有的条件，所以试验必须尊重原来的事实，尽量在相似条件下进行，做好试验记录、照相、录像，写好试验报告，报告需由试验主持人和参加人签字方为有效。

三、火灾事故调查取证存在的难点

由于火灾调查工作对于消防工作的重要作用，所以在开展火灾调查工作时，要制定一系列的具体措施，保证火灾调查工作能够顺利展开。但是就目前我国的火灾调查工作来看，还有很多问题。想要让火灾调查工作效率有效提升，就要变被动为主动，提高火灾工作的效率和质量。

（一）缺少火灾调查工作的专业人员和组织

火灾调查工作的时效性较强，并且对于相关工作人员的专业技术要求很高。设立相关的火灾调查工作组织和有充足的专业调查人员，是保障火灾调查工作质量和效率的重要基础。当前我国的消防单位中只有很少一部分的单位设立了专门进行火灾调查的工作部门或是聘请了专业的工作人员，绝大多数的消防单位都没有设立这一部门或是只有几个兼职员工。随着我国建筑群的增加，火灾发生的频率增高，火灾调查工作也逐渐增多，当前设立的机构和相关工作人员数量已经无法为火灾调查工作的快速进行提供保障。缺少专业的火灾调查工作人员和部门，已经对消防工作效率和质量的提升造成了严重的阻碍，对于我国的消防工作建设造成了严重影响。

（二）火灾调查相关法律建设不完善

虽然我国目前的火灾调查工作在一定程度上有些进步，在具体的调查工作当中也有相关的法律法规作为规范，但是由于火灾调查工作具有一定的复杂性，导致现有法律无法对火灾调查工作进行有效支撑，在取证和调查过程中还存在着一些法律没有涉及的方面。火灾调查工作相关法律建设不全面主要体现在以下几个方面：

1. 不能够明确火灾原因和责任重新认定的申请受理程序

当前，各个等级的消防单位在受理重新确认火灾原因和火灾责任重新认定申请时，个别消防单位将"收到重新认定申请书"就视作已经受理。这一方面的法律法规建设也并不是非常健全，缺少相关的章程，对于重新受理的条件和重新受理后需不需要重新为当事人出具有法律效力的文件也没有相关的详细要求。

2. 火灾责任的判定不合理

火灾案件通常是由多种原因引起的，具有复杂性和独特性。比如说，在同一起火灾事故当中，主要责任人也可能会有多种责任需要同时承担，有可能是民事责任，还有可能是行政责任。当前的相关法规将火灾责任划分为四种，分别是：直接责任、间接责任、直接领导责任和领导责任，这种划分方式并不是全面的，并且无法和其他相关法律文件进行有效的衔接，导致火灾责任主体所要承担的责任和相应的处分分配不明确，导致责任划分的意义无法实现。

3. 没有针对有纵火嫌疑的事故界定的明确规定

依据相关规章制度，在调查后发现拥有纵火嫌疑的火灾事故，消防单位要将这桩事故的调查权力转移给相关的刑侦机构。在具体的工作过程当中，由于缺少对于相关案件的判断标准和具体的转移章程，致使部分的调查员工无法对火灾性质进行明确的判定，让一些工作人员认为具有纵火嫌疑的火灾案件无法被移交到刑侦部门进行调查，这种情况在很大程度上造成了纵火犯猖獗的现象。

（三）一些火灾原因调查工作人员缺少相关专业素养

这两年，我国的火灾原因调查工作人员的综合能力水平在很大程度上得到了强化。但是还被很多的客观因素影响，当前还是有一些工作人员缺少相关的专业技能和知识，以下这些现象体现了这一点：

1. 不能按照规范记录现场勘验内容

现场的勘验记录要求现场调查的员工对于火灾现场进行确实可靠的登记，这当中记录的内容是对火灾性质进行判断的主要辅助工具之一，也是对火灾发生原因分析和现场复原火灾发生时情景的重要参考资料。

当前，很多的火灾调查人员对于现场勘探记录的填写无法实现全面性和真实性，经常使用"大概""差不多"等无法明确表示含义的词汇，还有一些在没有对火灾现场进行充分分析时就直接给火灾发生原因定下结论。现场调查记录和在现场调查发现的证据无法匹配，致使火灾现场复原工作受阻，让火灾调查工作效率降低，大幅度提升了重新进行火灾调查原因和责任重新认定工作的可能性，很容易在一定程度上让火灾调查工作无法顺利进行下去。

2. 对于物证的收集和使用能力较差

对火灾痕迹证物的收集和使用是火灾调查工作的主要组成部分，对于确定火灾发生缘由和火灾责任的确定都起到了很大的影响。但是根据当前的实际工作现场看来，很多的工作人员不能够遵守相应的调查规定和操作方式，让对现场的勘探变成了对现场的破坏，经常出现一些关键证物在现场被破坏的现象。很多的调查工作人员在进行现场调查时，只重视对目击证人的问话，无视了对于能够证实着火缘由和着火地点有关的具体物证的收集和留存，通常就只是在火灾现场随意拍摄几张相片敷衍了事，这导致对于火灾产生缘由的确定没有直接的证据证明。

3. 只重视清查率

火灾调查工作的主要作用就是确定火灾发生原因、清点火灾损失和判定火灾责任主体。部分工作人员出于对自身的工作业绩的考虑，对火灾原因盲目判定。在缺少相关物证的情况下，仅依靠自身的工作经验进行判断，很容易造成责任主体对于案件判定结果不满，出现上诉情况。

4. 出具的相关认定文件不规范

《火灾原因认定书》和《火灾责任认定书》是火灾调查工作中通常需要由相关人员开具的相关证明，需要严格按照要求填写并进行检查。但是由于一部分工作人员的粗心大意，导致该文件签发随意，出现错别字、用词不专业，甚至还有的时候会出现对同一场火灾开出两张内容不一的认定书。

（四）相关的火灾调查设施配备不全面

在很多的火灾调查工作中都需要借助相关的专业设备进行调查，对证物进行科学检测，来确认火灾发生原因，通过科学证据来增加结果的可信程度。当前很多消防部门的相关检测设备并不完善，甚至是没有；还有一些有相关设备，但是缺乏对于设备的维护管理，导致设备失去原本作用。在火灾现场就只能依靠原始手段，致使当事人对于火灾发生原因及责任判定的合理性产生怀疑。

（五）火灾调查效率慢和火灾损失的清算具有较大困难

目前，火灾调查能力水平不足和火灾频发导致我国的火灾发生原因调查速度较慢，清查力度不足的现象。根据相关调查结果，部分地区的火灾调查量仅占火灾发生数量的 10% 不到，不能够确定发生原因的占到20%。出现这一现状的主要原因，是当代社会人们的消防意识不断增加，上诉案件不断增多，为火灾调查工作带来了较大压力；还有就是很多火灾都是没有人员伤亡和损失较少的案件，整个建档的工作量非常大，缺少相关人员的投入，导致火灾清查效率较低。确定火灾损失是火灾调查工作的主要作用。在实际工作当中，经常出现损失人对于自己的财产损失进行虚假报告的现象。导致这种现象出现的主要原因，有一部分是当事人出于对自身保险赔偿考虑，从而夸大损失；还有一部分是当前对这一方面缺少相关的法律明确规定，从侧面助长了虚报、瞒报等现象的出现。现在，火灾损失核定已经成为消防部门工作中的难题。

四、完善火灾事故调查取证的原则

结合火灾事故调查工作实践要求，进一步提升火灾事故调查取证的科学方法，应当坚持以下几条原则。

（一）合法性

首先，主体应当合法。必须是法定的公安机关消防机构实施，且公安机关消防机构在对火灾进行调查时，火灾事故调查人员不得少于两人。聘请专家或者专业人员协助调查的，专家或者专业人员必须具备相应的专业技术条件，符合相关的规定。其次，程序应当合法。调查人员必须严格遵循法律标准和法定程序来搜集、提取、保存和认定证据。再次，不得采用非法手段。严禁刑讯逼供和以威胁、引诱、欺骗等非法手段收集证据。

（二）及时性

火灾发生后，火灾现场往往易受到破坏，不及时调查取证，事后难以恢复。同时，如不及时开展火灾事故调查，做出火灾原因认定，往往会导致社会不安定因素出现。这要求火灾调查取证过程中，要及时保护火灾现场。起火单位或个人在火灾扑灭后，应及时主动地采取保护措施，在现场勘查人员到达之前，保护扑灭火灾后的原始状态，避免受自然或人为的破坏。火灾调查人员到达火灾现场后，要立即开展工作，并根据火灾现场的实际状况，划分保护范围，避免无关人员对现场的破坏。他们应对现场进行拍照、录像，并将火灾事故发生及发展状况等详细记录，给火灾事故原因的调查提供依据。

（三）全面性

既要做到全面使用调查取证的方法，如把现场勘查与调查访问有效结合起来，通过调查访问为现场勘查提供一定线索，缩小勘查范围，通过现场勘查在火灾现场对相关人证、物证进行鉴别、查找，通过反复运用调查访问与现场勘查手段，实现二者的相互联系。也要做到取证内容的全面性，通过收集各种证据做到相互印证。如模拟试验结果不能单独作为认定起火原因的依据，只有和其他证据结合使用才能成为认定火灾原因的依据。

（四）科学性

为了确保火灾事故调查取证的科学性，要加大对调查取证的资金投入，购买相应的科学设备，配备相应的录音、摄影设备、计算机和软件，提高取证的科学化程度，提高证据的效力。

总之，调查取证必须客观、全面、公正、及时，必须尊重客观事实，从实际出发。只有不断完善调查取证的方式方法，收集到真实、充分的证据，火灾原因的认定才有可靠的依据，才能不断提升火灾事故调查工作的水平。

五、火灾调查中现代信息技术的实践

（一）信息技术在火灾调查中的价值

互联网是自工业革命以来人类重要的科技发明，随着近些年的快速发展，它正在深刻地改变着人们的生产生活以及学习习惯，同时计算机的相关产业技术也在迅猛发展，在各行各业中取得了良好的社会效益和经济效益。互联网打破了原有的时间与空间限制，使得信息交流渠道更加广泛，将其与信息化技术相结合能实现迅速建模以及测量数据分享，因此火灾调查中需要采用信息化技术，这样才能更好地提高自身工作效率，有效降低传统工作强度，提高精准度。借助信息化的数据采集手段可以提高火灾调查的实效性，让工作更有效率同时也能减少人力成本。

我国的火灾调查手段效率不高，而且各地方的情况不同以及人员素质差异，导致调查精度和调查结果也有很大可提升空间，但是以往信息通信不发达，因此相互学习、相互借鉴时无法打破时间屏障，而采用信息化的火灾调查手段，可以对先进地区的经验方法进行适当借鉴，为不同地区的工作人员提供了交流平台，有助于工作改进，实行统一化标准。

（二）现代火灾调查的主要技术分析

目测调查技术具有一定的误差性，因此要求相关工作人员对火灾状况要有一定的了解，并结合自身的经验利用工具及仪器对火灾种类进行调查。目测调查技术需要工作人员对于火灾的特性等有足够深入的了解，并能熟练运用。抽样调查就是在现场随机进行取样分析，但是需要对工作进行前期准备。首先，在调查之前要先确定选点，抽样选点要具有普遍性和代表性，然后对其进行抽取设计。其次，在抽取设计后要进行行业内计算，将调查结果转化为具体数据，并通过数据进行推演，以便后期的分析和利用。

随着科技的快速发展，信息系统在火灾调查方面取得了较大的发展，其中包括遥感技术、远程监控技术以及 GPS 定位观察技术等。

首先，遥感技术是目前先进的火灾调查技术，其通过信号源的传递进行数学计算，并能结合地理信息给出火灾的综合判断，具有传递性强、高精确度高等特点。同时遥感技术也能根据火灾等意外情况制定解决方案，并能精准定位，对火灾调查具有重要意义，能将其损失降到最小。

其次，GPS 技术即全球定位系统，它与遥感技术的不同在于是 GPS 技术通过空间卫星进行导航定位，因此不受平面问题的干扰，能够有效提高工作效率，减少地形对火灾调查工作的影响。同时我国也在不断探索着自主研发的北斗卫星定位技术，结合相关计算机应用进行地理信息绘图，可以让火灾调查数据处理更加具有直观性，不仅有效节约了工作成本，同时也减少传统工作中的不必要环节。

（三）在火灾调查中应用现代信息技术的策略

1.充分发挥大数据技术的优势

由于互联网的快速发展，必定会产生大量的数据，但是在面对大量的火灾调查数据时，单靠人工无法对所有数据进行有效接收及处理分析，而大数据技术则通过相应的手段对海量的技术进行分析处理，能够根据个性化需求挖掘相应的数据价值，并为后期的决策以及信息管理打好基础。传统的数据分析大部分以纸质材料为内容载体，包括文本及数据信息等，但是随着当前多元化经济的发展，大数据中的视频、音频、文本以及数据结构同时发展，为火灾调查信息的获取和整理带来了一定难度，而大数据的技术特征首先可以进行规模化的信息数据收集，并将不同源头的信息数据进行汇总，具有一定的时效性；其次大数据技术的信息收集，打破传统的火灾调查信息分类模式，它可以将网页、图片、视频、文本等进行综合归类，让信息收集整理形式更加丰富。在火灾调查实践中，通过大数据分析，可以有效提升火灾调查的综合效能。

2. 明确火灾调查工作要点

火灾现场一般较为复杂，现代信息技术的使用功能具有多样化的特征。日常的调查很难关注到每一个细节，因此在进行工作计划过程中，应该有相应的侧重点，建议相关工作的重点应放在消防安全管理、防火通道、安全疏散、消防预警系统等方面，同时也要对建筑内的临时灭火设备进行相关调查，并从预防和应急两个方面进行有效管理。火灾调查工作本身较为繁杂，而且工作环境较为艰苦，为了保证工作能够顺利进行，要不断进行工作经验积累。随着当前信息化技术的快速发展，传统的工作模式并不能满足当前火灾调查工作的需求。因此，为了更好地提高队伍综合素质，还要进行定期专业化技能培训，尤其应注重互联网以及相关产业知识的教育，并建立相应的考核机制，确保只有考核通过并获得相应资格证书的人员才可从事火灾调查工作。通过多方面的教育培训，提高人员素质，为我国的火灾调查工作做好铺垫，也做好相应的人才储备。

此外，火灾调查工作具有一定的危险性，而且长期在火灾现场作业不免会遇上恶劣的自然天气等，因此火灾调查工作必须在保证人员安全的基础上进行标准化作业培训。建议定期加强工作人员的安全教育，不断探索和创新安全教育方式。

3. 保障火灾调查工作经费及时到位

火灾调查工作需要有一定的资金作为支持，而且资金的到位与否直接关系到工作质量以及工作效率，同时资金监管也需要实行透明化和统一化。首先，地方政府要明确自身职能，为火灾调查工作进行专款调拨，同时建立资金专款监管账户，实行透明化监管，并接受大众舆论监督。其次，地方的相关部门要结合实际情况，适当引入社会资金参与，缓解地方政府财政压力，也为火灾调查多元化发展不断探索路径。最后，火灾调查工作要根据往年经验和预期进行资金使用计划安排，并提前进行报备，以免在工作过程中出现资金不足或资金超额，预防因资金问题产生的工作进度滞后或工作质量不达标，保证现代信息技术的有效利用。

第六章　火灾事故调查的物证

第一节　物证的提取

一、火灾物证提取的原则

火灾事故调查人员在火灾扑灭之后，必须迅速开展事故原因调查，在物证提取过程中，要确保物证提取的科学性、技术性，要保证物证的时效性和法律性。对此，必须坚持以下原则：

（一）依法进行原则

在提取物证过程中，要确保证据来源合法，证据提取的程序合法，证据必须真实，不能出现伪造证据的违法现象。

（二）客观联系原则

提取的火灾物证必须与火灾事故有客观的联系，能够作为证明火灾发生的原因或是显示火势蔓延的过程。

（三）确实性、充足性原则

火灾物证提取过程要在保证质量的前提下，尽可能的收集更多的物证。

二、火灾物证提取的要求

火灾扑灭之后，相关的调查人员要第一时间做好现场保护工作，确保事故现场的完整是火灾事故现场勘查取证的前提基础。一旦现场保护不好，受到刮风下雨等自然因素或是好奇围观等人为因素的干扰和破坏，就会破坏现场的完整性和真实性，给勘查取证带来麻烦，甚至破坏重要的物证，导致物证的法律证明作用失效。

在提取火灾物证的过程中，必须由经验丰富的勘查取证人员按照正常的程序和规定进行取证。在勘查取证过程中，必须遵循先目视后静观，先静观再动手，先拍照后动手，先外表后内部的顺序。

在提取物证的过程中，必须进行准确判断，提取具有代表性的物证，要随时记录，要标明物证所在的位置，物证的朝向、特点等，要从不同角度拍摄照片或录像，要标明物证与参照物之间的距离。

在提取物证过程中，要有两个以上的人共同进行，要主动请与案件无关的见证人过目，并做好勘查记录。提取试样物证时，要保证样品的数量满足检验的需求，同时，还需要提取对照样品和空白样品，方便做对照试验和空白试验。

此外，还需要注意，对每一个提取的物证都标明物证名称、编号、提取人员、位置以及时间等，提取的物证再盖上公安消防公章，要将其严密包装，避免泄露和遗失。

三、火灾物证的提取方法

（一）物证提取的记录

在提取物证之前应当做好记录，包括文字、测量数据、照片等，并且应填写"火灾痕迹物品提取清单"，由提取人和见证人签名。

（二）助燃剂物证提取

1. 物证存留形式

由于液体助燃剂自身的特性，在火灾现场中往往会以如下形式存留下来：

被地面、室内家具和火灾现场残留物所吸收；

液体助燃剂遇水通常会漂在水面上（注：乙醇除外）；

液体助燃剂易被多孔物质所吸附。

2. 液体样品的提取

提取液体助燃剂的常用方法包括：

用干净的注射器、点滴器、胶管、虹吸装置或者物证容器提取；

用医用脱脂棉球或棉纱吸收水面上漂浮的液体助燃剂，并将其放入密封容器。

3. 固体样品的提取

火灾现场中的液体助燃剂经常被固体材料吸收从而得以存留下来。固体样品的提取方法主要包括：

泥土、砂石等固体物证可以通过挖、砍、锯或敲等方法直接提取。

木头、瓷砖、立柱底部的边缘、接缝、钉眼、缝隙等位置都是较好的取样部位。对于土壤和沙子等固体物质，液体助燃剂可以渗透到它们较深的位置，因此在提取这类物证时要挖到较深处。

对于吸附性强的多孔材料如水泥地板等，除常用的敲碎提取法外，还可以用石灰、硅藻土或未加发酵粉的面粉等吸收材料吸附。操作方法是将吸收材料撒在水泥地面上，保持20min～30min后，将这些吸收材料密封于干净的容器内。

4. 烟尘样品的提取

通过分析烟尘成分来确定原来的可燃物或者助燃剂种类时，要提取烟尘作为检材，调查人员可直接提取附着烟尘的物体，或用脱脂棉擦拭这些物品提取。烟尘样品包括：

起火部位处门、窗、柜上的玻璃碎片附着的烟尘；

起火点上方墙壁、陶瓷和金属架或者其他固体上附着的烟尘；

尸体鼻腔、气管和肺腔表面上的烟尘。

5. 助燃剂物证的污染

如果灭火过程中使用了燃油动力设备，或为这些设备添加过燃油，就有可能使该位置的物证造成污染。灭火消防队员应当采取必要的措施将污染的可能性降至最低，当有可能存在污染的时候，应告知火灾调查人员。

火灾调查人员在每次提取物证时都应使用未被污染过的容器盛放物证，并且该容器在保管和运输过程中不应被打开。

为防止交叉污染，火灾调查人员应戴一次性手套，或把手放在塑料袋内提取液体和固体助燃剂物证。每次的液体和固体助燃剂物证提取过程中调查人员都应使用新的手套或袋子。

提取过程中防止污染的方法是使用物证容器本身做提取工具。例如，可用金属罐盖挖取物证样品，然后置于金属罐内，消除来自火灾调查人员的手、手套或工具带来的交叉污染。同样，在每一次液体或固体助燃剂物证提取后，火灾调查人员所用的所有提取工具和火灾现场清理仪器装备如扫把、铲子等工具都应进行彻底清洗以防止交叉污染。

（三）气体样品的提取

在某些火灾或爆炸事故，尤其是与燃气有关的事故，调查过程中应提取气体样品。气体样品的提取方法主要有如下几种：

用抽气泵或注射器将气体样品抽进气囊；

用吸附性较强的碳棒或聚合物等吸收材料吸附并密封；

用真空采样罐等装置提取（一般和分析仪器配合使用）。

（四）电气物证的提取

在对电气物证进行取样时，火灾调查人员应检查所有的电源是否已经关闭。

对于电气开关、插座、热电偶、继电器、接线盒、配电盘以及其他的电子仪器和部件，应尽量保持物证的原始状态，将其整体作为物证进行提取，尽量不破坏其整体结构。如果需要拆卸电子仪器和部件的外壳时，建议不破坏其内部部件的结构和位置。若火灾调查人员需拆卸设备时，可以向专业人员寻求帮助，防止破坏设备或者部件。具体提取方法主要包括：

提取导线熔痕时，应对其所在位置和有关情况进行说明，如该导线所连接的仪器设备、开关或保险装置以及设备和配电盘之间布线走向；

提取导线熔痕时应注意查找对应点，并在距离熔痕 10cm 处截取，导体、金属构件等不足 10cm 时应整体提取；

提取导线接触不良痕迹时，应当重点检查电线、电缆接头处、铜铝接头、电气设备、仪表、接线盒和插头、插座等并按有关要求提取；

提取短路迸溅熔痕时可以采用筛落法和水洗法。提取时注意查看金属构件、导线表面上的熔珠；

提取绝缘放电痕迹时应当将导体和绝缘层一并提取，绝缘已经炭化的尽量完整提取；

提取过负荷痕迹，应当在靠近火场边缘截取未被火烧的导线 2m～5m。

（五）物证容器

物证应当盛装在合适的容器中以便保存或送检。物证容器的选择要根据物证的物理、化学性质及尺寸等因素而定，且应保证盛装的物证不会发生任何变化或者污染。最常用的物证容器包括信封、纸袋、塑料袋、玻璃容器或金属罐，有时需要使用专用容器。火灾调查人员应当按照鉴定和检验物证的方法和步骤要求选择合适的容器。

提取液体和固体助燃剂物证时，建议使用如下容器：金属罐、玻璃瓶、专用物证袋和普通塑料袋。盛装这类物证的容器密封性必须好，以避免物证的挥发或损失。

1. 金属罐

所用的金属罐应是未用过的、干净的。在盛装物证时，要在金属罐中留一定的蒸气空间，不要装满，建议不超过金属罐容积的2/3。如果用金属罐保存较多的挥发性液体，例如汽油，温度过高时（超过38℃）可产生较强的蒸气压，此时可能可以把盖子膨胀掀开，会造成样品损失，故应选用玻璃瓶。

2. 玻璃瓶

玻璃瓶非常适合盛装液体和固体助燃物物证，但不能用密封脂或橡胶密封条以免造成污染或漏气。所装物证的体积应不超过玻璃瓶的2/3，需为蒸气留有必要的空间。

3. 专用物证袋

专门设计的盛装液体和固体助燃剂的物证袋，材质、大小、形状可根据盛装物证的性质任意选择。

4. 普通塑料袋

普通塑料袋通常不用于盛装具有挥发性的物证，可用于盛装固体类残留物。

（六）物证的标识

提取物证时，要进行标记或者贴上识别标签。推荐使用标明包括提取物证的人员姓名、提取日期和时间、物证的名称或者编号、物证描述、物证的位置及数量等内容的标签。这些内容可以直接写在容器上，也可以用事先打印好的标签贴在容器上。

第二节　物证的保管

一、物证损坏影响因素

在火灾调查工作中，由于现场的工作环境具有复杂性，在一定程度上加大了物证保护的难度，因此在火灾调查中经常会出现物证损坏的情况，如果没有对这一问题进行有效的分析以及预防，不仅会很难开展火灾调查工作，还会给后续的火灾原因分析工作带来诸多的阻碍以及难题。因此在实际工作中需要加强对火灾调查物证损坏原因的分析，从而提高火灾调查的效果和水平。从整体上看，在火灾调查中出现物证损坏的原因，主要分为以下几个方面：

（一）现场勘查

相关工作人员在进入到火灾现场进行勘查时，要严格遵循相关工作流程和要求来实施日常工作，比如要先进行建筑物内部环境勘察，通过初步勘察明确勘察的重要事项和细节问题，如果在勘察中某个步骤出现偏差，很容易会由于操作不当出现物证损毁的情况。另外在火灾现场调查中，专业性要求是比较强的，现场工作人员不仅需要了解有关火场调查的专业内容，还要具备一定的责任心，灵活应对在实际火灾调查中的问题以及困扰。在火灾环境勘查期间，要加强对火灾现场保护工作的重视程度，做好火灾现场的维护工作，防止无关人员深入现场并对火灾环境造成一定的破坏，以免加大火灾物证保护的难度。

在进行外围环境勘查期间，如果相关工作人员并没有对外围情况进行详细了解，那么在勘察时也会出现物证损坏的情况。在火灾调查工作中需要加强对细节性问题的了解，对于重要的物证要进行专项勘察。

另外，现场工作人员如果在模式实施或勘察方法实施时存在偏差，就很容易导致一些物证在提取时发生损坏，带来不可挽回的影响。

（二）提取时的失误

在现场物证提取时出现失误也会导致物证损坏。在进入到火灾现场后，要严格按照相关标准和流程来进行物证的提取，如果在实际实施时存在偏差，那么很容易使现场物证受到一定的破坏。在现场工作中需要相关调查人员具备严谨而科学的态度，要一丝不苟地开展火灾调查工作，但是在实际工作中，如果相关工作人员并没有做好拍照和录像的话，若后期现场物证出现损坏，就无法全面了解现场情况。在实际工作中，如果相关工作人员随意对火灾现场物体进行搬动，会使得重要物证的原始状态和位置出现混乱，很容易对证物造成损坏。另外在实际工作中一些调查人员在深入现场进行调查时，如果不能采取科学而规范的提取方式，也会破坏物证本身的真实性以及完整性，带来不可挽回的影响。

（三）保护不当

在火灾调查中物证提取之后要进行科学的保护，要严格开展物证保护工作，如果存在着不科学的问题，很容易会对现场的物证造成一定的损坏。一些物证很容易会受到外部环境的影响，若在保护措施方面存在偏差，会造成物证的损坏。比如在物证保护工作中需要加强对周边温度和湿度的控制，从而提升物证的保存效果，但是在实际保存时，对于一些金属物品来说，如果没有加强对温度和湿度的有效控制和分析，很容易在储存时出现氧化腐蚀破坏的情况。因此在实际工作中需要更加认真地保护物证，从而为后续分析工作奠定基础。

（四）其他原因

火灾调查中物证损坏的其他情况。比如现场调查人员进行物证提取和保护工作需要具备较强的业务能力，还要秉承认真和负责的职业态度，如果在实际工作中某一个细节性问题出现偏差的话，很容易加大物证损坏的概率。在实际火灾调查中，物证的提取专业性较强，需要通过先进的设备来支撑日常工作科学进行，但是如果设备比较落后，就容易在物证提取时存在缺漏，也无法获取到最为真实的物证，降低实际工作效率。

二、物证的保管

在提取物证后，应当对其妥善保管。物证应当尽可能置于良好环境条件下保存，直至不再需要为止。要避免物证发生流失、污染和变化。热、光和潮湿是多数物证发生变化的主要诱因，因此要选择干燥和黑暗的环境条件，是越凉爽越好。挥发性物证的保存，建议使用冷却设备。

（一）现场勘验调查之前先进行录像留存工作

在对火灾现场进行调查的过程中，影像留存的环节不可省略。因为现场的证物有的十分隐蔽，不管调查人员如何谨慎，也会有遗漏或者是破坏的可能。一旦发生这样的事情，就可以对录像进行查看，帮助调查取证工作的顺利进行。

（二）加大现场保护工作力度

在针对火灾现场进行调查取证的过程中，加大对火灾现场的保护工作不仅有助于提高调查工作的效率，还有助于提高调查的精准度，便于还原火灾事件的发生过程，进而提高调查结果的可靠性。

（三）加强对证物的保管力度

对于调查人员已经成功提取的证物，应该制定健全的保护管理制度，对证物进行分类管理以及分级管理。分类管理就是将保存方法相同，或者是形状、体积相同的证物进行统一保管，也可以根据案件调查的进度进行分类保管等。分级保管是指对于一些重要的证物要加强保管力度，不要放在普通证物保管的地方，以免弄混或者损坏。

（四）加强调查人员业务水平的培养

导致火灾事件发生的因素有很多，涉及的领域也十分广泛，为了可以使调查工作顺利进行，需要对调查人员进行专业知识的培训以及综合素质的培养。由于火灾发生的随机性，在日常的人员培训工作中可以进行模拟实验，并针对培训知识进行考核，以便于调查人员综合能力的养成。

第三节　物证的检验与鉴定

一、火灾物证鉴定的影响因素

（一）火灾物证鉴定结论的属性

与其他物证鉴定结论一样，火灾物证鉴定结论是有资格的专业人员就火灾中的专门问题作出的结论性意见。诚然，火灾物证鉴定结论都与火灾事实有关，是公安消防机构认定火灾事实的重要依据之一，但是，火灾物证鉴定结论不是火灾事实的客观记录或描述，而是鉴定人在观察、检验、分析等科学技术活动的基础上得出的主观性认识结论，因此鉴定结论又被称为鉴定意见。火灾物证鉴定结论与证人证言不同，证人证言传达的是证人所感知、记忆、叙述的火灾事实，而火灾物证鉴定结论是鉴定人在观察、检验的基础上做出的分析判断，传达的是鉴定人的推论，而不是鉴定人对火灾事实的感性认识。

鉴定结论是鉴定人认识活动的结果，必须由人来完成，所以不可避免地将会受到鉴定人主观认识能力及其拥有客观认识条件的影响。从这个意义上讲，鉴定结论并不一定是科学的、正确的意见。由于主客观原因的影响，鉴定结论不排除出错的可能。如鉴定设备、仪器是否先进、鉴定方法是否科学、送检材料是否符合要求、鉴定人的责任心和业务水平、鉴定过程是否受到外界干扰以及鉴定人的职业道德等，都可能影响鉴定结论。

DNA 鉴定等同一性鉴定以及法医的伤情鉴定等，其鉴定结论即可确定犯罪嫌疑人或者确定案件是否达到立案标准，是证明案件事实的必要条件。而火灾调查中，物证鉴定结论仅仅是认定火灾性质、起火原因的众多证据之一，是认定火灾事实的充分条件，对证据起补强作用，而且违法嫌疑人或者被害人对鉴定意见有异议，可以提出重新鉴定的申请。

（二）限制火灾物证鉴定结论准确性的因素

1.物证鉴定技术局限性的影响

据以作出鉴定的科学原理都存在准确率的问题，如骨龄鉴定技术误差就比较大，指纹鉴定技术也因很难提取到完整的指纹检材而使鉴定结论的准确率大打折扣，甚至目前认为可靠性极高的 DNA 检测也不能保证百分之百的准确。如前所述，物证鉴定结论的属性及其形成过程决定了任何物证鉴定技术手段都不可能原原本本地还原案件事实，火灾物证鉴定技术也不例外。目前全国众多物证鉴定机构广泛使用的几类鉴定技术，大都是鉴定人通过肉眼观察检测仪器显示的各类检测信息，然后依据其形状、大小（幅度）、数量等特征，凭借个人的鉴定经验做出判断，而不是逻辑推理。鉴定人的鉴定经验对鉴定结论起主导作用，这就使鉴定结论带有很大的主观性和随机性。然而，检测仪器显示的信息元素当中，足以供鉴定人员做出确定性（非黑即白）鉴定结论的情况并不多见，更多呈现的是"亦黑亦白"，即常说的"灰色区域"，这些信息元素不足以让鉴定人给出确定性的结论。况且，目前依据的火灾物证鉴定技术标准也无法做到将"灰色区域"的信息元素特征一一明确表述，以供鉴定人员作为判据使用。因此，鉴定结论的重复性比较小，分散性比较大，不同物证鉴定机构或者同一鉴定机构的不同鉴定人时常做出不同的鉴定结论也就不足为怪了。

2.物证鉴定结论准确性的影响因素

（1）提取物证的位置、数量和方法的影响

在火灾现场，调查人员在不同的部位，采用不同的提取方法，提取的不同数量的物证，都可能对物证鉴定结论产生直接影响。

（2）不同的物证形成条件对物证形态、性质的影响

因火灾现场中存在不同的物证形成条件，即使有相同的形成原因，也可能形成不同的火灾物证形态、性质，从而得出不同的鉴定结论。例如，封闭的电线槽内或穿过墙体的线束中形成的电热熔痕就有很大的不确定性；电热或者火烧熔痕在形成过程中遇水冷却，以及过冷度大小和遇冷时刻等都会对熔痕的形成产生直接影响。

（3）火场温度的影响

火灾物证形成后，在后续持续高温作用下，物证的形态、性质也会发生改变。

上述诸多不确定的客观因素，火灾物证鉴定人在给出鉴定结论时无法予以考虑，即便是亲身参加火灾调查的人员也很难或无法获取上述影响因素。

二、物证鉴定的内容

（一）物证鉴定委托

需要进行技术鉴定的火灾痕迹、物品，由公安消防机构委托依法设立的物证鉴定机构进行

技术鉴定。公安消防机构认为鉴定存在补充鉴定和重新鉴定情形之一的，应当委托补充鉴定或者重新鉴定。补充鉴定可以继续委托原鉴定人，重新鉴定应当另行委托鉴定人。

（二）物证的运送方式

应将提取到的物证尽快送到鉴定机构进行鉴定。将物证送达鉴定机构实验室的方式可以是由相关人员亲自送递，也可以是邮寄或托运。

（三）实验室的检验和鉴定

根据物证的特性和火灾现场的实际需要，对物证可以进行很多方面的检验和鉴定。物证检验应当遵循标准化的程序、方法和步骤。

（四）检验和鉴定的方法

1.一般理化性质检验

火灾原因调查过程中一般需要进行理化性质检验，内容主要有：

红外光谱（IR）：依照某些化学物在特定的光波区域吸收红外光线的性质进行检验；

原子吸收（AA）：用于检验金属、水泥或泥土等不挥发性物质的单一元素；

X－荧光：根据元素对 X－荧光的反应，对金属元素进行分析。

2.易燃液体助燃剂的鉴定

对火灾现场残留物样品中是否存在常见易燃液体、助燃剂以及燃烧残留物进行鉴定。鉴定方法包括：紫外光谱法、薄层色谱法、气相色谱法、液相色谱法和气相色谱—质谱法。鉴定方法见 GB/T 18294。

3.电气物证鉴定

对火灾现场的电气物证进行技术鉴定。主要为观察金属的显微组织特征，确定其熔化性质与火灾起因的关系。

电气火灾原因技术鉴定方法见 GB 16840。

4.热稳定性测定

用差热分析仪和（或）差示扫描量热仪评价物质热稳定性。

适用于评价固体、液体物质热稳定性。测定参数有起始发热温度、焓变（吸热和放热量）。该测定按照 GB/T 13464 进行。

5.闪点、燃点和自燃点参数测定

闪点、燃点和自燃点是判断、评价物质火灾危险性的重要指标之一。对这些参数的测定按照 GB/T 261、GB/T 267、GB/T 5208 和 GB/T 5332 进行。

6.其他物质燃烧性能测定

（1）可燃气体爆炸极限

按照 GB/T 12474 对在一定温度、标准大气压下能形成可燃性混合气体的化学品进行最低和最高爆炸极限的测定。

（2）氧弹热量计测定石油产品的燃烧热

按照 GB/T 384 测定石油产品热值。该方法可对精度要求较高的很多挥发性物质和不挥发性物质进行测定。

（3）可燃粉尘的燃烧或爆炸性能测定

按照 GB/T 16425，GB/T 16426，GB/T 16428，GB/T 16429，GB/T 16430 和 GB/T 15929 对爆炸性粉尘的爆炸下限浓度、最小点火能、最低着火温度、爆炸压力和最大压力上升速率进行测定。

（4）纺织品的燃烧性能

纺织品的各项燃烧性能可按照 GB/T 20390.1，GB/T 8746，GB/T 5455 和 GB/T 8745 进行测定。

（5）塑料的燃烧性能

塑料的各项燃烧性能指标可按照 GB/T 2406，GB/T 2407，GB/T 2408，GB/T 8323，GB/T 4610 进行测定。

（6）软垫家具的燃烧性能

软垫家具的各项燃烧性能指标（包括耐香烟点燃性）可按照 GB 17927 和 GA 136 的规定进行测定。

（7）铺设材料或地毯的可燃性。

与点火源接触或热辐射时铺设材料或地毯的可燃性能可按照 GB/T 11049，GB/T 11785，GB/T 14768 进行测定。

（8）建筑材料的燃烧特性的测定

建筑材料燃烧特性测定的相关国家标准有 GB 8624、GB/T 8625、GB/T 8626、GB/T 14402、GB/T 14403、GB/T 14523、GB/T 16172、GB/T 16173、GB/T 20284。其中 GB 8624 是建筑材料及制品燃烧性能分级的国家标准，是我国评价建筑材料防火安全性能的基础标准。GB/T 20284 主要用于测试建筑产品的对火反应性能，是 GB 8624 分级体系中被引用的最重要的标准之一。

（9）材料产烟毒性评价

对材料受热分解和燃烧过程中产生的烟气进行毒性评价，包括材料产烟的制取方法、动物染毒试验方法及材料产烟毒性危险分级要求，见 GB/T 20285。

（五）样品量

样品量太少可能无法进行检验和实验，所以送检的样品量应足够多。委托鉴定前，火灾调查人员应按照 GB/T 20162 标准，也可与鉴定机构的人员联系，以确定鉴定所需要的量。

（六）比对检验

比对检验是将待检试样与标准试样在相同鉴定条件下，比较其痕迹特征或比较某些性能参数，以认定其同一性的过程。在比对检验中要特别注意操作条件的一致，确保检验结果的可比性。

（七）分别检验

分别检验是对检材采用多种分析鉴定方法，通过各种指标的测定，从不同侧面对火灾物证进行分析鉴定的过程。火灾物证的分析鉴定几乎用上了所有的分析手段，包括化学分析、物理分析、近代仪器分析等各种方法。各种分析鉴定的结果是综合评断的客观依据，因此分析鉴定时应注意以下几个方面的问题：

火灾事故调查实践指南

分析鉴定时一般要采用目前公认的标准分析鉴定方法，并且要采用多种方法进行检验，以便相互验证，确保检验结果的可靠性；

为使分析鉴定结果更可靠，应做空白试验和对照试验等质量控制试验；

要合理地使用检材，同一种检材要求尽可能多检验几种物质，并且前一步试验不影响后一步试验的进行。

（八）综合鉴定结论

根据各种理化检验结果，在对各种测试结果进行合乎逻辑解释的基础上，结合火灾现场情况做出综合鉴定结论。

结论用语应简明扼要，客观准确，不能模糊不清或模棱两可。综合鉴定结论分为：

"相同"：当检材与标样之间主要成分或主要特征一致，而其他一些外部特征的差异可根据案情作出合理的解释时，可作"相同"的结论。

"不相同"：如果检材与标样之间的一个或几个主要特征存在本质差异，即使外部某些特征偶尔相符，也要做不相同的结论。

"同一"：如果检材与标样之间的成分、理化性质相同，其他的特征（如特殊的杂质、痕迹等）也相符时，可做"同一"的结论。如果考虑到火灾物证的组成十分复杂，某些偶然性难以排除时，可不做"同一"的结论，而做"一致"的结论。

"检出"：若对检材的某一组分进行鉴定时，若检样与标样之间的理化性质相同，可做"检出某组分"的结论。

"未检出"：对检材的某一组分鉴定时，若鉴定结果呈现负性，可做"未检出"的结论。并不能说那种组分一定不存在，很可能是该组分含量低或分析方法的灵敏度不够或有干扰等而未能检出。

三、火灾物证鉴定结论的审查及运用

审查物证鉴定结论并决定是否采纳，应当在火灾调查结束后与火灾全部证据审查同步进行。火灾物证鉴定结论是一把双刃剑，正确运用则可以补强认定火灾的证据，错误运用则误导调查人员，动摇他们的认定决心，甚至使调查人员误入歧途而做出错误认定，最终导致错案发生。

（一）火灾物证鉴定结论的审查

与其他鉴定结论一样，火灾物证鉴定结论具有科学性，是法定的证据种类之一。但是，所有物证鉴定结论都具有真实和失真的双重性，不享有当然的证据效力。国家法律规定，未经审查的证据，不能作为认定案件事实的证据，火灾物证鉴定结论也必须经过审查才能作为认定火灾事实的依据。对其主要从以下方面进行审查。

对照证据材料。审查火灾物证是否从起火点或者起火部位提取，不是在起火点或者起火部位提取的火灾物证作出的鉴定结论不予继续审查和采纳。

审查物证鉴定结论的合法性。鉴定结论的合法性包括主体合法、形式合法、内容合法以及取得的手段和方式合法。具体应当审查公安消防机构委托的物证鉴定机构是否经公安部或省级

· 92 ·

司法行政机关登记，机构取得的鉴定许可证、开展的鉴定项目是否在核准的范围之内、鉴定人是否经过审核登记并取得执业证书。一个鉴定项目由两名以上鉴定人进行，由鉴定机构内具有高级技术职务的鉴定人复核，鉴定机构主管鉴定业务的负责人或指是定代行签发权的人签发，司法鉴定机构在鉴定文书上加盖物证鉴定专用章。鉴定结论内容是否是火灾调查需要解决的专门性问题，而不是对火灾事实的评价和判断，例如时有出现的涉及起火原因的意见和判断等。

结合火灾全部证据审查。鉴定结论是认定火灾事实的证据之一，并不是唯一证据，必须与其证他据联系起来进行对照分析，才能作为证明火灾事实的依据。具体审查时应当结合火灾调查过程中获取的所有证据，对鉴定结论进行对比、分析，查明鉴定结论与其他证据之间、与火灾事实之间有无矛盾，查明鉴定结论有无其他证据印证，是否是孤证，与火灾其他证据能否形成证据链，从而发现鉴定结论本身是否存在问题。

（二）火灾物证鉴定结论的运用

鉴定结论能否作为证据使用，应依据鉴定内容的客观性、科学性、可靠性与准确性来决定。火灾物证鉴定结论是认定火灾的充分条件，但不是必要条件。认定火灾事实的证据应该确实充分，这样即使在现场提取不到火灾物证，没有物证鉴定结论也可以认定火灾事实。物证鉴定结论与众火灾证据矛盾时，可以不予采纳。但笔者并不认为火灾物证鉴定可有可无，如果现场能够提取到具有鉴定价值的物证，都应当提取送检，物证鉴定结论经过审查后，可用以印证火灾事实，补强认定证据。

物证必须在起火点内，无法确定起火点的要在起火部位内提取，否则，作出的鉴定结论一律不予采纳。

对调查获取的全部火灾证据进行综合分析，假如某一火灾事实有诸多证据形成的证据链支持，火灾物证鉴定结论与诸多证据相一致，应对结论予以采纳。例如，有确实充分的证据证明某建筑内供电正常，配电盘电源开关闭合，某房间的照明灯开关闭合，此时提取导线熔痕鉴定结论是电热熔痕，则可以采纳该鉴定结论，证明房间电气线路带电；如果物证鉴定结论是火烧熔痕，则不可以此否定某房间电线带电的事实，该鉴定结论就不能采纳。

没有其他证据印证，物证鉴定结论为孤证的，不予采纳。因为仅用火灾物证鉴定结论证明火灾事实存在不确定性。例如：鉴定结论有易燃液体成分，不能证明一定是放火嫌疑，因为火灾发生前，现场可能存有该易燃液体。鉴定结论没有易燃液体成分，不能排除放火嫌疑，因为犯罪分子可能就地取材，没有使用或使用了少量易燃液体实施放火。鉴定结论不是一次短路熔痕，不能排除电气短路火灾可能，因为无法排除有短路熔痕未被发现并提取。

另外，一次短路熔痕形成后，在火场高温环境下，其形态、性质还会发生变化。检测结果是一次短路熔痕，不一定是电气短路火灾，因为理论上其有可能是火灾发生前的短路熔痕。除此之外，如果检测结果都是火烧熔痕，也不一定排除电气火灾，因为无法确定调查人员是否将所有的金属熔痕（包括电热熔痕）都找到并提取了，并且都通过筛选无一遗漏地送检等等。因而，不能以一纸鉴定结论逆向推定和否定火灾事实，更不能认定起火原因。

不同物证鉴定机构作出不同鉴定结论的，要审查各鉴定结论采用的鉴定程序、鉴定方法、鉴定所使用的仪器、设备和鉴定人的经验等，确定各鉴定结论证明力的大小或有无。经全部火灾证据综合分析，与众多证据相互印证、一致的予以采纳，其余不予采纳。运用物证鉴定结论时应注意，我国物证鉴定机构设置中，各鉴定机构之间没有隶属关系，不是领导和被领导、监督和被监督的关系，对级别较低的物证鉴定机构作出的鉴定结论有异议，不可以向级别较高的鉴定机构申请复核或复查。不能以鉴定机构的级别高低来确定鉴定结论证明力的强弱。

第七章　火灾事故的起火原因认定

第一节　分析认定起火方式

一、阴燃起火

（一）阴燃火灾的概述

阴燃属于局部火源的引燃初期，燃烧物质温度较低，是尚未具备燃烧条件的燃烧。由于没有明火，只是冒烟，一般不会引人注意，所以令火势在不知不觉中慢慢扩大，一旦遇到合适条件，就会迅速转化为明火燃烧，造成更大危害。日常生活中人们很少留意这种火灾，家庭装修时堆积的木屑以及外面堆砌的垃圾若处置不当，就会留下阴燃的隐患。另一方面，人们认为没有火苗就表示火已经灭了，事实上很可能火还在材料的内部进行着，从而出现死灰复燃的情况。

1.阴燃的概念

阴燃是指在一定条件下发生的无可见光的缓慢燃烧现象。它是固体物质特有的一种燃烧现象，其最大的特点是不产生火焰或火焰贴近可燃物表面的一种燃烧形式，其只在气固相接面处燃烧，燃烧过程中可燃物质呈炽热状态，所以也称为无焰燃烧或表面炽热型燃烧。因其具有隐蔽性，容易被忽视。在一定条件下阴燃又可转化成有焰燃烧。当可燃物发生阴燃，其分解出的可燃气体达到一定的浓度，在增加风速或火场温度的条件下，阴燃会转化为有焰燃烧。与有焰燃烧相比阴燃会释放出更多有毒气体，引起更剧烈的燃烧，带来更大的损失。

2.阴燃的条件

（1）引火源

阴燃的引火源表面温度较低，释放的热量较少，供热速率也比较慢，属于典型的弱火源。它不可能像明火那样迅速地引燃可燃物，因此阴燃火灾从起火特征上来说属于引燃起火，如未熄灭的烟头、蚊香、火柴棍和电焊作业的火星等。这些火源的虽然体积小，但在一定条件下能点燃一些特殊的可燃物。

（2）可燃物

发生阴燃的可燃物一般是受热分解后能产生刚性结构的多孔碳的固体物质。这种结构有利于氧化性气体反应物渗透进固体内部，反应物到达反应区，不断供给阴燃所需的氧气量。由于这些可燃物燃点比较低、热分解温度比较低，体积小、热容小，不易导热且易于升温。所以整个引燃体系不断升温，达到自燃温度，便开始阴燃，随着阴燃的进行，使燃烧体系的温度连续上升，最终发展为明火燃烧。一般情况下，生活中常见的可以发生阴燃并能维持其传播的可燃燃料有锯末、烟叶、聚氨酯泡沫、木材、秸秆、棉花、棉织品、纸张、纤维质、木材、人造纤维、皮革、亚麻织物、泡沫材料以及一些热绝缘性材料和室内装潢材料等。

（3）环境条件

物质阴燃一般是在缺氧环境中有一个适合供热强度的热源。而阴燃的传播受氧气供给条件的控制。氧气通过扩散从外界向燃料层传送，在被传输到反应区的同时就被消耗掉。所以这种低氧条件既限制了有焰燃烧的形成，也限制了阴燃传播。如果破坏了这个缺氧环境，大量氧气参与到之前的物质阴燃状态，可燃物的燃烧状态就会迅速转化为明火燃烧，这个燃烧过程非常迅速和猛烈。就室内火灾而言，这种情况下，往往几分钟的时间就可以达到室内轰燃。所以，处在易发生物质阴燃的环境中要及时处理好起火现场，降低发生阴燃火灾的概率。

3.阴燃火灾的特点

阴燃火灾具备了阴燃起大火的主要特征，一般会有以下几种特点：

从可燃物接触引火源到出现明火，存在一个时间差，火灾具有一定的延时性；

火灾现场往往有比较明显的烟熏痕迹；

形成以起火点为中心的炭化区；

往往有浓烟冒出，并产生异味；

起火前火灾现场处于密闭或空气不流通、温度和湿度较高的环境条件；

火灾现场存在易发生阴燃的纤维状物质。

（二）阴燃火灾的调查方法

阴燃火灾中的引火源也属于可燃物，在大多数情况下都会被烧掉，难以提取，因此在火灾调查中难以获取火灾前现场的环境状态的准确信息，对于起火条件的分析存在一定的难度。此时应尽可能地在现场勘验中采集痕迹物证，辅以调查询问相关人员的具体情况以及总结实验模拟的相关结论等，结合多方面取得的证据，综合分析，对火灾原因做出最终的认定。

1.阴燃火灾的现场勘验

火灾现场勘验以确定起火点，查找证明起火原因的痕迹物证为主要目的。在阴燃火灾调查中，需要结合阴燃的特点来侧重查找相关的特征痕迹和物证，分析总结火场证据形成的原因，确定调查的方向和目标。火灾起火点是易燃现场勘验中重点内容，正确地确定起火点，直接关系到能否发现火灾现场遗留的痕迹物证和正确地判断火灾性质。对易燃火灾的现场勘验一般有以下几个主要内容：

（1）火灾前现场的环境条件

根据阴燃起火的特点，应重视火灾前现场的环境状况，分析火灾前现场的温度、湿度、通风条件和保温情况是否利于阴燃起火。现场勘验时，查明现场门窗孔洞火灾前开启状态；查明各种暖类用电器具、设备的工作状态，如：空调、电暖器、电炉子、烧炭炉等；查明建筑构件的耐火等级与装饰材料的保温情况。

（2）起火点留下燃烧残体情况

根据发生阴燃的可燃物受热分解后能产生刚性结构的多孔碳的固体物质这一特点，现场勘验找到锯末、烟头、蚊香、泡沫等引燃物的燃烧残体，对认定起火原因是至关重要的。

（3）火场存在以起火点为中心的炭化区

可燃物在起火点长时间蓄热，进行阴燃反应，在起火点处会留有明显的炭化或灰化痕迹，阴燃转化为明火燃烧后，炭化痕迹会以起火点为中心向四周扩散。

（4）起火点有较明显塌落堆积层次

往往都是阴燃火灾的引火源掉落地面遇可燃物后引发火灾，火灾现场多呈现由下向上的燃烧痕迹，所以在起火点处燃烧堆积物的塌落层次一般为地面—炭灰—屋顶装修（瓦砾）。

（5）起火点存在的烧坑或烧洞

阴燃起火的起火点处一般阴燃时间比较长，由于可燃物的性质、存放的数量、存在状态，引火源的状态、数量以及发生燃烧的环境条件不同，还会出现起火点存在呈明显向下凹陷的烧坑或烧洞。

（6）火场存在较为明显的烟熏痕迹

阴燃火灾的烟熏痕迹一般比较明显。由于阴燃期间属于不完全燃烧，即可燃物不完全燃烧，形成大量的微小固体碳颗粒，发烟量偏大，易形成烟熏痕迹。同时，阴燃火灾的烟熏痕迹也有一定的特点，发生阴燃的起火物一般是低位燃烧，多数情况下，火灾初期垂直方向上的烟熏痕迹其下部要重于上部。但是，可燃物因为阴燃发生火灾形成明显的烟熏痕迹是有条件的，随着可燃物的种类、数量、物理状态、引火源、建筑结构、通风条件、燃烧温度的不同会出现不同的情况，所以在火灾现场的勘验中要对具体问题具体分析，对理论知识需进行灵活应用。烟熏痕迹判断阴燃火灾一般情况下更适用于室内火灾且火灾过程中室内烧毁情况不是非常严重的情况，发生猛烈燃烧的室内，烟熏痕迹会因火场不同的荷载情况发生变化。

以烟头为引火源的火灾现场多呈现由内向外的燃烧痕迹，所以现场内吊顶以下的墙壁有明显烟熏痕迹，而吊顶以上部分则较干净；房间门、外窗上方外墙有明显的烟熏痕迹；若起火点靠近墙壁，在墙面上会形成"V"字形烟熏痕迹。

2.阴燃火灾的现场询问

对于阴燃火灾来说，处于火灾发生的初期时间较长，火灾现场破坏大，遗留物和火场痕迹也较少。火灾现场询问对查清起火原因起到尤为重要的作用，对确定现场勘验的方向也有一定指导作用。阴燃火灾的现场询问一般有如下几项重要内容。

（1）询问火灾前在现场有关人员

起火前哪些人出入过现场，进出现场的目的，进入现场后的活动等情况；

起火前起火点处可燃物的种类、数量、堆放状态及周围可燃物的情况；

火灾前现场环境状况；

在无法取得火灾现场伤者或从现场跑出或被救出的人员关于对火灾前现场环境条件的供述时，应注意向现场有关人员查问火灾前现场的环境情况。

（2）询问首先进入火灾现场的人员

了解火灾现场的原始情况、做过哪些变动，了解起火范围及扑救情况，死者、伤者所处的位置、状态及其他有关情况。

3.阴燃火灾的模拟实验

对阴燃火灾进行模拟实验是相对比较容易操作的，一方面由于为阴燃火灾现场痕迹比较特殊，且可燃物、引火源的种类易于获取；另一方面是由于发生阴燃火场需具备的条件也非常明确。所以用模拟实验分析确定引火源阴燃可燃物和可燃物发生阴燃引起火灾的可能，其在实施和操作上相对其他类型火灾来说是比较容易进行的。现场模拟实验具有很明确的目的性，进行阴燃火灾现场模拟实验，其目的就是验证在当时火灾现场的条件下是否能发生阴燃。

（1）根据阴燃火灾特点设计实验方案

现场模拟实验必须做好前期的准备工作，根据现场勘验与询问的情况和阴燃火灾的特点，确定进行模拟实验的方案。

（2）进行实验的环境与火灾前现场环境相吻合

模拟的实验现场必须与火灾现场的现场环境气象条件、可燃物状况等相吻合，由于各类火灾现场的复杂多变性和火灾的偶然性，只要模拟现场中的一条环境因素不符合现实火场标准，实验结果将是完全不同的。

二、明火引燃

明火，是真正在自然界燃烧的火，也是可以看见的火，像看得见的火焰、火星、蜡烛之类。明火燃烧具有如下特征：

可燃物燃烧比较完全，发烟量比较少；

火灾现场中起火部位周围的物体受热时间差别不大，物质的烧毁程度相对均匀；

容易产生明显的蔓延痕迹。

三、爆炸起火

爆炸起火具有如下特征：

由于能量释放，往往伴随着爆炸的声音，同时迅速形成猛烈的火势；

由于冲击波的破坏作用，常常导致设备和建筑物被摧毁，产生破损、坍塌等，其现场破坏程度比一般火灾更严重；

爆炸中心处的破坏程度较重，容易形成明显的爆炸中心。

第二节 分析认定起火时间

起火时间是指起火点可燃物被起火源点燃的时间。查明起火时间有易有难。在起火现场中有当事人和见证人，他们证实的起火时间比较明确，应该说是可信的。然而，更多的火灾尤其是在夜深人静无人在场的时候发生的火灾，往往不能及时发现，或当人们发现时，火已蔓延扩大。由于可燃物质性质不同，物质燃烧的速度有快慢之差，因而发现起火的时间也有早有晚。这就需要根据调查访问和现场勘查所获得的情况和材料，进行严密的分析推理，才能做出比较确切的符合实际的起火时间。

一、认定起火时间的主要根据

起火时间主要根据现场访问获得的材料以及现场发现的能够证明起火时间的各种痕迹、物证来判断。具体分析、判断起火时间可从以下几个方面进行：

根据发现人、报警人、当事人及周围群众反映的情况确定起火时间。发现人及报警人因为急于报警或进行扑救往往忽视记下发现起火时间，可以从当时他日常生活活动及其他有关现象和情节中的时间作为参照时间进行推算。如根据发现人、当事人上下班时间，火车汽车始发终到时间，从收音机中听到某台的某一新闻，看到电视节目内容和情节上的时间及气象条件（阴天、雨天、雪天）等时间进行推算。

根据相关事物的反应确定起火时间。火灾的发生与某些事物的变化有关，发生火灾后引起的某些停电时间，电钟、仪表等停止的时间及状态推算起火时间。

根据建筑构件耐火极限及其烧坏程度认定起火时间。不同的建筑构件有不同的耐火极限，超过这个极限，建筑构件就会失去支撑力或发生穿透裂缝建筑构件，另外背火一面温度升到220℃时，即失去机械强度或不能继续起到阻挡火灾蔓延的作用。因此，火灾调查人员可以根据建筑构件的耐火极限及其烧坏程度来分析认定起火时间。

根据建筑类型及火灾发展程度确定起火时间。不同类型的建筑物起火，经过发展、猛烈、倒塌、衰减到熄灭的全过程所用时间是不同的。根据实验，木屋火灾的持续时间在风力不大于0.3米/秒时，由起火到倒塌13～14分钟。其中起火到猛烈阶段的时间为4～14分钟，由发展到倒塌为6～9分钟。砖木结构建筑火灾的全过程所用的时间比木屋建筑火灾所用的时间长。

根据物质燃烧速度推算起火时间。计算时应考虑扑救时射入容器中的水的体积。某些物质燃烧速度见下表7-1：

表7-1 某些物质燃烧速度

燃烧物质及条件	燃烧速度毫米/分	燃烧物质及条件	燃烧速度毫米/分
红松 径向	0.65	燃油 向下	1.10
硬木 径向	0.5	棉花粉尘 水平	100
锯木 水平	0.9	香烟 水平	3
汽油 向下	1.75	管中电线橡胶绝缘 水平 填充20%	0.37毫米/秒

在火场勘查中，不能只根据现成的数据进行推算，而应根据现场情况修正这些数据，必要时根据模拟试验测定某些物质的燃烧速度来确定起火时间。

根据通电时间判断起火时间。如果火灾是电热器具引起的，可以通过通电时间、电热器具的种类、被烤着物的种类来分析判断起火时间，也可以以火炉、火坑点火时间，蜡烛点着时间等作为判定依据。

根据起火物质所受的辐射强度推算起火时间。如果火灾是由于热辐射引起的，则可燃物所受的辐射强度越大，引起燃烧时间越短。因此，我们可以根据热源的温度以及与可燃物的距离，计算被引燃物所受的辐射强度，再根据所受辐射强度的大小推算被引燃的时间。

二、认定起火时间应考虑的因素

在火灾调查的实践中，人们常常把发现着火时间误认为是起火时间，这显然是不确切的。因为火灾从初起到扩大都有一个蔓延过程，这个过程就需要一定的时间。一起火灾燃烧的快慢，在初起阶段是受到起火物的可燃性和燃烧条件制约的，而火灾的蔓延又受各种客观因素的作用和影响。因此，我们在分析认定起火时间时，必须考虑各种因素对起火时间的影响。在一般情况下，影响起火时间的因素主要有：

起火物的性质不同，阴燃或引燃起火的时间也不同。因为可燃物质不同，其燃点、自燃点就不同，燃烧的速度也不同。如一个铁壁取暖炉，它的辐射作用于相同距离的纸张和干草，前者自燃点为180℃，后者自燃点为172℃，二者经过一段时间后虽然都能起火，但所需要的时间却不尽相同，这是显而易见的。

起火物的状态不同，起火时间也不同。如将质量相同的木材做成锯木、木块或木屑后，若用相同的火源点燃时，由于它们的蓄热或散热条件不同，其引燃时间也不同。

起火物与起火源的距离不同，起火时间也不同。如数量相等的同一种起火物与火源的距离远近不同时，其着火所需要的时间也是有差别的。因为起火源的温度是固定的，距离越近的可燃物受热温度越高，烤着可燃物的时间就越短，反之就越长。

起火点的环境差异，也影响起火时间。如周围空间的开阔与窄小、开放与封闭、地上与地下，室内与室外等诸方面客观条件，都在不同程度上决定了火灾形成的可能性与快慢的时间差。因此，必须全面、客观地进行分析研究，切忌忽视起火时间的准确性，更不能主观猜想。

第三节 分析认定起火点

一、根据物体受热面分析起火部位

物体的受热面具有明显的方向性，物体总是朝向火源的一面比背向火源的一面烧得重，形成明显的受热面和非受热面的区别。

通常将火灾现场中不同部位物体上形成的受热面综合起来观察，可以判定起火部位。可燃物体表面受热后会发生炭化和外观形状上的变化，根据测定炭化深度和比较烧损程度，可以确定受热面。不可燃物体表面受热后会发生变色、变形、脱落、开裂、熔化等形态和形状的变化。对混凝土、钢筋混凝土和黏土等不可燃物体，通过比较物体各面在火灾作用后发生的变色、起鼓和开裂痕迹变化，判定受热面。对金属物体，通过比较变色、变形、氧化、熔化等痕迹特征，判定受热面。对于金属容器，一般情况下发生膨胀、开裂和熔化的一面是受热面。在火场初步勘查时，要对火场中的建筑构件和物品的不同部位进行比较，找出其受热面，火大多是由严重的部位和受热面一侧蔓延过来的。

二、根据物体被烧轻重程度分析起火部位

物质被烧的轻重程度往往具有明显的方向性，这种方向性与火源和起火部位有密切的

关系。

通过木材炭化、混凝土构件剥落、玻璃破坏、金属物体受热变化等物体在火场中的变化程度能够有效判断起火部位。但应注意的是，烧得"重"的部位，不一定都是起火部位。要查清火场中火灾荷载的差异以及其分布状态与烧毁严重部位的关系，查清是因易燃物多而形成的严重烧毁，还是因最先起火而形成的严重烧毁状态。局部烧得"重"不仅取决于燃烧时间长短，温度高低，而且取决于燃烧物质种类、数量、环境条件、灭火措施等诸方面因素，不能一概而论，要作具体分析。用局部烧得"重"的痕迹判定起火部位和起火点时，应注意的最重要条件是以起火点为中心向外连续蔓延的燃烧痕迹，这是核心问题。

三、根据烟熏燃烧痕迹的指向分析起火部位

空间内的热烟气在其流动路径中的物体上会形成烟熏痕迹。依据烟熏痕迹的方向性，可以找出火灾蔓延的途径，并找出起火部位。在火灾蔓延区域外留下的烟痕，能说明烟气蔓延的方向，如走廊一端起火.在走廊里或一些开口附近会形成斜坡或梯形图形。而在火灾区域内某些物体表面留下的烟痕也能说明烟气蔓延的方向，如火灾尚未发展到猛烈阶段，破碎的玻璃或者其他塌落的物体，烟痕不会被烧毁。另外根据烟气流动规律，火灾中物体面向烟气流动的一面先形成烟痕，背面形成的较晚，程度也轻。

某一物体一面较其他部位烟熏程度重，则火灾就从这一面蔓延过来。一般起火点的部位及处于烟气流动的顶部物体首先形成浓密的烟痕，然后才在外部的通道形成烟痕，痕迹有轻重的差别。室内通风情况直接影响烟的形成，可根据室内烟熏痕迹确定垂直方向的位置。一般吊顶先起火的烟熏特征是：吊顶内部残存的山墙上烟熏浓密，而吊顶下面室内墙壁烟痕稀薄，室内的一些残留物，如破碎的玻璃、埋在废墟中的物品烟痕很少。反之，则可能是室内先起火。应该注意的是如果室内经历了高温，也会把先形成的烟痕烧掉。另外一些典型的烟痕形状可确定起火部位，如"V"形烟痕，"V"形烟痕下面可能就是起火点。

烟痕的形成受到多种因素的影响，由于通风和扑救等因素影响，有些规律不明显或表现得恰恰与通常认识的规律相反，因此在分析判定时，还要充分考虑各种客观条件和特殊因素的影响。

四、根据炭化痕迹分析起火部位

炭化痕迹主要是指火灾中木材表面因热解或烧焦而形成的炭化深度。比较木材表面的炭化程度，能够判断起火部位。这种炭化特征，有焰起火的现场可以辨认，阴燃起火现场往往出现一个"坑"。在起火点的位置，寻找炭化深度到达破坏最严重、燃烧时间最长的一点，从只有烟熏而没有明显燃烧现象的一些部位开始，查向火灾破坏最严重的一些部位，利用排除法很快会找到火灾开始的可疑部位。在这个部位通过检查炭化深度，便能找出火灾发生的准确点。炭化深度测量应在整个房间的同一高度上进行比较，再向同一高度其他炭化位置测量，能测出炭化最深的位置，这个位置一般为起火点。由炭化深处确定的起火部位应与其他证据相吻合。

五、根据物体倒塌掉落痕迹分析起火部位

倒塌掉落痕迹具有方向性和层次性。物体通常会面向火源一侧倒塌或掉落，不同位置的引

火源可以形成不同燃烧物的层次。在火灾蔓延过程中，室内的桌子、椅子等有腿的家具以及比较高的柜子等，火从一个方向低处烧起来，这一面的桌椅腿和柜子的侧板首先被破坏，使这一面首先失去支撑力，桌子、椅子、柜子等以及上面器具就要倒向首先被火烧的这面，其倾倒方向就指明了起火部位和火灾蔓延的方向。独脚圆桌茶几等支撑面的家具在火的作用下，由于先烧的一面失重，它们会和一般家具倾倒方向相反。木结构建筑物在火灾中倒塌呈"一面倒"形的一面、"两头挤"形的中间、"漩涡"形的中心一般就指向起火部位。如果瓦片、天棚、吊顶的灰烬、灰条、屋架及瓦条的灰烬在堆积物的最底层，说明可能是闷顶和吊顶内先起火。如果室内陈设物的灰烬和残留物紧贴地面，吊顶、闷顶以上的装饰材料等碎片在堆积层的上面，说明可能是室内起火。如果大部分吊顶、闷顶、天棚碎片暴露于室内废墟上面，只有小部分为吊顶、闷顶、天棚的灰条、灰块被室内燃烧物灰烬掩埋在地面上，吊顶、闷顶、天棚位置很可能是起火点。如果火灾发展缓慢，屋架及房顶尚存，这个起火点对应的地面堆积物要成凸起。

六、根据尸体的位置、姿势和燃烧程度、部位分析起火部位

发生火灾时，人在不能扑救的情况下，背离火的方向逃生。尸体倒地脚步所指向方向一般为起火部位的方向。对于爆炸现场，由于爆炸发生在瞬间人很难逃离现场，可从尸体位置及爆炸前他所处的位置判断被气浪推移的方向，从而判断爆炸中心。

七、根据其他痕迹分析起火部位

分析电路中的熔痕。在火灾中短路熔痕形成的顺序与火势蔓延的顺序相同，起火点在最早形成的短路熔痕部位附近。

分析火灾自动报警系统、自动灭火系统和电气保护装置的动作顺序。

分析视频监控系统、手机和其他视频资料。

八、对起火部位的验证

为了准确判定起火部位，需要对初步认定的起火部位进行验证。一般从以下四个方面进行比较分析：

设定起火部位与全部环境对比。经过调查访问、现场勘查初步认定起火部位后，假定该部位就是起火部位，通过这个部位与全场进行对比找出以此为中心向四周蔓延的痕迹。

不相邻物体进行相向、背向、顺向对比。将火场中处于起火点为中心相对位置的物体的内侧（相向）、背向的一侧（背向）、同向的一侧烧损情况分别进行对比，确定起火中心。

毗邻对比。把火场中彼此相连接的物体进行对比，找出并分析物体燃烧与烧毁程度由重到轻的方向，验证起火部位是否与此蔓延方向一致。

同一物体各部位之间的对比。对同一物体的内部与外表、前后、左右、上下各方面进行对比分析。这种方法可以突出重点，细致地认定火势的来龙去脉，进而判定起火点。

第四节　分析认定起火物

一、认定起火物的条件

在认定起火物时，应满足如下条件：

起火物应在起火点处；

起火物应与引火源相互验证。引火源的温度应等于或大于起火物的自燃点，引火源提供的能量应等于或大于起火物的最小点火能量；

起火物一般被烧或被破坏程度更严重。

二、起火物的分析认定方法

起火点处的可燃物质是否为起火物，一般可从下面几方面分析认定：

应查明起火点处或起火部位处所有可燃物是否属于一般可燃物、易燃液体、自燃性物质还是混合接触着火（或爆炸）性物质等；

根据起火物的物理化学性质，如自燃点、闪点、最小点火能量、爆炸极限等，分析判断在认定的火源作用下能否着火；

分析起火物是否为起火点处原有的物品，如果不是，应查明其来源；

不同的可燃物燃烧后残留在火灾现场痕迹的特征是不相同的，根据其燃烧特征确定是否为起火物；

查明并分析起火物在运输、储存和使用时被晃动、碰撞、日照、受潮、摩擦、挤压等情况，这对于分析是否增加了危险性或破坏了稳定性，进而分析起火物是否能发生自燃或产生静电放电而起火的可能性等具有重要作用。

第五节　分析认定起火原因的方法

一、起火原因认定的基础

起火原因的认定，一般情况下是指在现场勘验、调查询问、物证鉴定和现场实验等一系列调查工作的基础上，依据所获得的各种证据、线索、事实，对能够证明起火原因的因素和条件进行科学的分析与推理，进而确定起火原因结论的过程。

在火灾调查处理过程中，各种证据是认定起火原因的基础，如果没有充分的证据证明，即使认定的起火原因是正确的，也是得不到认可的。起火原因的认定通常是在认定了火灾性质、起火特征、起火时间、起火点、起火源、起火物和引发火灾的其他客观因素与条件的前提下进行的。这些火灾事实一般是逐步查清和证实的，这些已被查清和验证的事实可作为进一步分析认定起火原因的依据。这些依据应是相辅相成的，又是相互制约的，舍弃或忽略其中的某一个，都可能对起火原因作出错误的认定。

任何物质的着火不是随便发生的，而是必须具备一定的条件。燃烧的发生和发展一般要具备以下三个条件，即燃烧三角形：可燃物、氧化剂和温度。在可燃物着火时，氧化剂主要是空气，其他氧化剂如氟、氯、高锰酸钾等引起的火灾的概率比较低。温度一般是指环境温度或火源温度，通常火源直接引起可燃物着火的概率比较高。所以，在实际的火灾调查中，通常在起火点或起火部位处查明起火物、起火源、起火前影响起火的各种环境因素以及其他偶然因素。起火物就是可燃物，起火源主要是指温度，起火前现场客观因素主要是指燃烧三角形中的氧化剂。除此之外还有现场温度、湿度、催化剂、雨雪情况、风向风速等对起火和燃烧有影响的环境因素，这些都是影响起火物能否起火的重要因素。

二、起火原因认定的条件与证据

一般情况下只有具备如下的条件与证据，才能认定和证明起火点处起火物在起火源的作用下起火：

起火点处起火前有效时间内必须具有能引起火物着火的起火源。

起火源本身并不是有形物体，而是指能使起火物升温并使其着火的能量，在实际的火灾调查中无法将其获取并作为证明起火原因的证据。所以，在实际的火灾调查中，将提供出能量并能引起可燃物着火的物体作为起火源。可燃物着火，起火源是一个不可缺少的条件。但是起火部位处可能存在多种起火源，在火灾调查过程中，就是要查清起火部位处各种起火源性质和状态，分析研究各种起火源与起火物及现场各种影响起火的环境因素的关系，最终认定一种火源是引起火物着火的火源。在火灾调查过程中只有找到真正的起火源，才能为认定起火原因提供有力依据。

认定起火源的条件。

起火源一般应是起火前在起火点处正在使用或处于高温状态下的火源，或起火前能够引起起火点处起火物着火的火源。个别情况下起火源可能不在起火点处，例如其他部位的高温物体通过热辐射引起起火点处起火物着火。

起火源的性能与起火物的危险性参数相吻合，即起火源的温度一般应等于或高于起火物的自燃温度、供出的能量等于或大于起火物最小点火能量、供热速率高于散热速率。

起火源的作用时间或高温状态时间在起火前的有效时间内。

起火源在现场对起火因素的影响不足以引起火物着火。起火源的特性与现场起火特征相吻合。有证人、当事人或犯罪嫌疑人证明该起火源作用于起火物而起火。

认定起火源的证据。

证明起火源的直接证据，就是证人、当事人、犯罪嫌疑人证明起火点处某火源引起火物着火。

证明起火源的间接证据有两类，一类是在起火点处发现的火源残迹。因为，通常把能供出能量并能引起可燃物着火的物体作为起火源，但是在火灾过程中这些物体已经被火烧毁，只剩下残迹，所以能证明起火源的间接证据就是在火灾现场中能提供能量并能引起可燃物着火物体的残迹。例如，起火源属于电气火灾方面的，在火灾现场中就要找到电源开关、发生短路或过负荷的导线、电热器具等的残体。起火源是雷击方面的，就要找到遭雷击烧损的物质、设备、器具及其他电气设备上的熔化、燃烧、混凝土中性化等痕迹。起火源属于化学物品方面的，就要找到化学物质的残留物和反应产物。起火源属于机械方面的，就要找到金属变色、变形、破损的残体作为证据。另一类间接证据是指能够证明某种过程或行为的结果能产生起火源的证据。对于有些无法取得物证的火源，就要靠取得间接证据来证明是起火源引起火物着火。例如，静电放电火灾只能通过查明物质的电阻率、生产操作工艺过程、产生放电的条件、放电场所爆炸性气态混合物浓度、环境温度、湿度等作为间接证据。吸烟火灾只能通过查明环境温度、空气温度、湿度、可燃物质的存贮方式、可燃物质的性质和状态、吸烟的时间和地点、吸烟者的习惯等作为间接证据。

起火点处必须有在起火前的有效时间内能被起火源引起着火的起火物。

起火物是指在起火点处，在起火源的作用下最先着火的可燃物。起火物种类是认定火灾性质、起火原因和火灾责任的一个重要证据。在起火点处可能存在多种可燃物质，哪一种是起火物，要根据火源的性质、起火点处不同物质的性质、起火特征、起火前现场影响起火的因素等去分析判定。

认定起火物的条件。

认定的起火物必须是起火点中的可燃物。一般情况下只有起火点处的可燃物才有可能成为起火物，所以不能在没有确定起火点的情况下只根据一些可燃物的烧毁程度来分析和认定起火物。个别情况下，起火前起火点处不存在的物质也可能成为起火物，如放火者用所携带的汽油引燃起火点处其他可燃物质就属这种情况。

认定的起火物必须与起火源作用结果相一致、与起火特征相吻合。既然起火源和起火物相互作用能起火，说明它们相互满足起火条件。例如，明火几乎可以使所有的可燃物质起火或爆炸；静电火花、碰撞火星只有可能引燃可燃性气体、蒸气或粉尘，而不能引燃木板或煤块；麦草和铁粉等堆垛在条件适宜时会发生自燃，而原木和钢材堆垛一般情况下不会起火。起火特征是阴燃时，起火源多为火星、烟头、自燃等，起火物多为细碎松软的固体物质或自燃性物质。起火特征为明火点燃时，起火物多为固体、液体或气体。起火特征为爆燃时，起火物一般应是可燃性气体、液体的蒸气或粉尘与空气的混合物。

认定的起火物一般应比周围的可燃物被烧或破坏程度更严重。一般情况下起火点或起火处可燃物燃烧的时间比较长，温度比较高，所以被烧或破坏程度比其他部位更严重。个别的火灾现场中，由于在起火部位以外的某个位置放有比较多的燃烧性能更强的物质，所以该位置可能燃烧得更猛烈，被烧或破坏程度更严重。

起火物的危险性参数与火源的性能相吻合。即起火源的温度一般应等于或高于起火物的自燃点，起火源提供的能量等于或大于起火物的最小点火能量，起火物浓度在其爆炸极限内。

有证人、当事人或犯罪嫌疑人证明起火点处起火物在起火源作用下而着火。

认定起火物的证据。

认定起火物直接证据就是证人、当事人、犯罪嫌疑人证明在起火点处起火源引起火物着火。

认定起火物间接证据就是在起火点处发现的起火物的残体、灰迹、燃烧痕迹以及对它们的鉴定结论。

三、认定起火原因的方法

（一）直接认定法

直接认定法就是在现场勘验、调查询问和物证鉴定中所获得的证据比较充分，起火点、起火时间、引火源、起火物与现场影响起火的客观条件相吻合的情况下，直接分析判定起火原因的方法。

1. 直接认定法的应用原则

（1）掌握直接证据是直接认定的基础

想要直接认定，必须具有两种以上能相互印证的直接证据，例如：证人证言、勘验笔录、检测报告、影像资料等。依靠孤证就直接认定具有很大风险。

（2）取得充分证据是直接认定的保障

证据的充分是直接认定的保障，既包括直接证据，也包括间接证据。例如通过模拟实验、理论计算等得到的间接证据，都是防止直接认定出现偏差的重要保障。

（3）运用综合分析是对直接认定进行验证的有效方法

将搜集到的各类证据置于火灾当时条件中，运用逻辑思维的方式，进行综合分析并场景再现，是对直接认定进行验证的有效方法。

2. 直接认定法应用过程及操作要点

如何有效使用直接认定法科学合理地实现火因鉴定的目的，是需要注意的问题。以一起典型的居民建筑天然气爆炸火灾为例，探讨直接认定法在应用过程中的技巧和要点。2019 年 7 月 19 日，某六层砖混结构居民楼合租住宅内发生一起天然气爆燃事故。消防队到场后，火很快被扑灭。火灾造成两人严重烧伤，其中一人 10 日后死亡。此案的火因认定过程是直接认定法的一个典型应用案例。

（1）展开调查

火灾发生后当晚即成立事故调查小组，根据情况兵分两路：一路到医院、一路在现场，调查小组对所有可以找寻到的案件相关人员进行调查。调查工作开展及时、得当，迅速得到燃气爆燃这一初步判断，为后续调查探明了方向。在调查工作的展开阶段，能够做到合理布置、有序展开是非常重要的，调查中既照顾到案件整体情况，又不忽略重要细节，调查工作布置到位，这些都是直接认定法应用中非常重要的前提条件。

①相关人员调查。

通过调查，了解到事故发生当时室内共有 4 人，调查组分别向轻伤者和现场人员进行了调查，了解到事故发生时的现场情况。通过对伤者伤势的分析发现，伤者一创面分布于头、面、颈、躯干、臀部及四肢，总面积约 85%，其中四肢及面、颈约 55% 基底苍白、弹性差，触觉消失，咽喉轻度充血，未见烟灰；伤者二创面分布于头、面、颈、躯干和双上肢，面积约 26%，其中双上肢约 10% 创面基底略显苍白，触觉迟钝，咽喉未见异常。综合调查信息分析得知，事故发生当时火势蔓延迅猛，瞬间产生高温，但燃烧时间不长；燃烧爆炸时有声音。根据上述特点，初步判断是燃气爆燃引发事故。根据一伤者腰以上受伤，腰以下均未受伤且衣物仍旧完好的情况分析，引发事故的应该是比空气轻的燃气。

②现场勘验。

起火住宅建筑面积98.32m²，原为两室两厅，后用木龙骨石膏板分隔成5间，分别出租。

冲击波痕迹。带厨房住户的进户门脱落，墙体变形向外膨胀，变形上部重，下部轻，侧面看呈"V"字形；与厨房相邻房间卧室区北面顶部有一三叶吊扇，正对厨房方向的扇叶向下呈180°弯曲，侧向扇叶向下弯曲变形，反向扇叶未变形；与厨房相邻房间外窗除固定窗下窗框区域残留部分玻璃外，其他玻璃破碎脱落，上窗框处玻璃全部脱落。由现场勘验可以得到结论：现场曾受到冲击波的破坏。根据受伤人员叙述，火灾爆炸发生点应在厨房位置，但现场勘验发现厨房门、窗的受损情况要比相邻房间轻微。经调查了解到，冲击波作用时厨房门、窗均处于敞开状态，而相邻房间的进户门、窗均处于相对封闭状态，门窗启闭状态是造成这种破坏情况的主要原因，也从侧面印证了冲击波的存在。

燃烧痕迹。户门和过道中上部有烟熏痕迹；过道内冰箱除顶部一侧塑料熔融变形外其他部位完好；带厨房住户室内墙面抹灰层有明显剥落痕迹，其位置与厨房门对应，且宽度相近。厨房相邻房间过火燃烧，过道受烟熏，其他房间基本完好。由此可以得到结论，发生事故的部位是厨房，且符合气体爆燃后易引发燃烧的特点。考虑到燃烧痕迹上重下轻，可知发生爆燃的气体比空气轻。此居民区供应的燃气是天然气，符合此推理特征。

灶具及管道。厨房的燃气由总管接表具后引入，表具后由金属软管、金属硬管垂直向下，到灶台高度用一个90°弯头朝南偏东方向转弯后连接一个三通。三通一端设一红色扳手开关，并用塑料软管连接燃气灶；另一端接有一个蓝色扳手开关，并接有一段长2.4m的橙色塑料软管，该软管另一端呈敞开状态，未接有设备；灶具的两个开关互相垂直，有一个应该处于开启状态。

（2）火灾原因初步认定

经上述调查，可初步认定火灾原因是厨房天然气通过蓝色三通开关和橙色塑料软管向外直排，遇燃气灶具点火装置点火后发生爆燃。

（3）多角度确认

为了确保直接认定的准确无误，提高火灾原因直接认定的权威性，在实际工作中，经常采用多种方法对直接认定结果进行多角度确认，如物证送检、模拟实验、校核计算等。案例中，为了对肇事灶具的实际情况有权威的结论，进行了物证送检，并进行了模拟实验和校核计算。从多角度确认了直接认定结果的可靠性。

①物证送检。

调查人员在7月20日对灶具进行了物证提取，并送专业检测机构进行了检测。检验结果：适用气种为"天然气"；保持旋钮开关处于委托单位提供的原状态，在燃气灶自带的胶皮管进口处通入压力为2kPa天然气；按GB16410-2007测试，燃气灶左右火分别点火10次，点火成功均为10次；无熄火保护装置。

②模拟试验。

为了排除对现场天然气管道、天然气表具、三通、开关的气密性产生疑义，调查组请燃气公司专业人员操作，派出所、物业等派人员参加，使用燃气检测器、"U"型压力器以及肥皂水，在火灾现场进行了天然气泄漏检测和天然气管道气密性试验，并制作"现场记录报告"。

试验结果：用燃气检测器除在天然气表具后红、蓝两色开关周围外，其他部位均未检测到天然气泄漏；用"U"型压力器，3min后开启小开关，压力表显示压力损失0.5mmHg；用肥皂水泡沫覆于红、蓝两色开关前的管道，可以看到极细微的漏气点。

（4）事故重构

经各方面调查询问，事故发生时，一名住户在厨房操作。由于错选了开关，住户误将灶具右侧的蓝色扳手打开，天然气没有供向灶具，而是从橙色塑料软管，以管网供气压力向外直排。天然气泄漏的压力高、量大，厨房间天然气浓度迅速升高，并从厨房间开启的门向相邻房间泄漏。此时，厨房间门窗均开启，正对厨房门的空调向厨房方向送风，户外空气从西侧窗洞向灶具流动，很快诱发天然气的爆炸。

3.直接认定法应用中应注意的问题

火灾现场经过燃烧的破坏，疏散过程及扑救活动的破坏，甚至是其他人员有意、无意的破坏，都会给起火时间、起火部位和起火原因的认定带来重重困难，同时直接认定又具有唯一性和排他性，更是加大了运用直接认定方法认定的困难和风险。因此，在运用此方法时应谨慎认真，确保认定结果的可靠和结案的顺利完成。具体说，应注意以下问题：

有效沟通是调查顺利结案的重要保证。首先邀请受伤最重同时也是与火灾原因关系最密切的伤者家属到火灾现场，结合现场将调查情况进行交底，得到对方认可，并在勘验笔录上签字；后又邀请与案件相关的各方进行案情交底，通过交流，相关其他各方亦无异议。经过沟通，原因的宣读、签收非常顺利，保证了正常结案。

注意与刑侦、检察等部门沟通。火灾事故一旦造成人员伤亡就已达到刑事立案标准，是否有涉嫌违法犯罪的行为。全过程必须认真仔细调查，及时与刑侦、检察部门沟通，是履职的保障。

结论应注意严谨性，克服随意粗糙。通过物证送检、模拟试验、数据计算等手段对认定结果进行确认，增强认定结果的科学性、权威性和可信性。

（二）间接认定法

有的火灾，虽然经过认真调查和细致勘验，但从现场仍然找不到起火源的物证，难以确定起火原因，此时可采用间接认定的方法来确定。间接认定并不等于主观认定，它仍然是要以各种事实为依据，按照客观条件和可能，按照事物发展的一般规律和已有的经验，作出科学的符合事实的推断。实践证明，即使是在火灾后起火源物证已不复存在的条件下，只要严格依据客观事实，依靠科学原理并经过耐心细致的调查研究，是完全可以做出准确的有说服力的结论的。

间接认定起火原因的方法：一是先将起火点内所有能引起火灾的起火源依次排列，然后用事实逐个加以否定排除，最终肯定一种能够引起火灾的起火源。二是依据现场的客观事实，运用科学原理，进行分析推理，找出引起火灾的原因。

这种方法的运用就是排除推理法的具体应用，即对每一种引火源用演绎法进行推理判断。

注意事项：

将起火点范围内所有可能引起火灾的引火源全部列出，在排除过程中不可将真正的引火源排除掉；

必须对每一种引火源用演绎法进行判断和验证后再决定取舍；

必须注重现场的勘验和调查访问，为引火源取舍提供依据；

认定的起火原因必须在该火灾现场存在可能性，并且具体起火的客观条件；

反复验证，最后认定；

一旦发现认定错误，立即重新分析。

第八章　燃气火灾事故调查

第一节　燃气火灾事故概述

在燃气火灾中，一方面燃气会作为起火物；另一方面，当火灾现场燃气系统被破坏时，燃气会参与燃烧。

一、天然气的性质及适用范围

天然气是由多种组分组成的混合气体，相对密度为 0.55～0.75，主要成分是甲烷，占 75% 以上。

天然气本身无色无味，但燃气部门会在输送到用户前加入臭味剂，作为气体泄漏的提示报警。

天然气在常温常压下的爆炸极限为 5%～15%，为易燃易爆气体。天然气与空气的混合物在封闭空间内遇明火发生剧烈爆炸，具有很大破坏力。天然气的剧烈燃烧，在极短的时间内，可产生 2000～3000℃ 的高温和极大的压力，同时发出 2～3km/s 的高速传播的燃烧波（即爆炸波），体积突然剧烈膨胀，同时发出巨大声响。大、中型城市目前以使用天然气为主，天然气通过城市管网进入用户家庭。天然气通过燃气站加压由地下优质镀锌管输送，然后再通过支管进到楼宇中分配到各户。由于整个输气的管路过长，接口处较多，施工工艺过于复杂，往往会造成某个节点天然气的泄漏，引发火灾。

（一）易燃烧性

我们常用的城市燃气：天然气、液化气、煤气三种燃气的最小点火能量都较低，大约为 0.19—0.35mJ 之间，液化气点火温度为 466℃，天然气点火温度为 537℃，火焰传播速度每秒可达 34—38cm。

（二）易爆炸性

当一定比例的燃气与空气混合后就会形成爆炸性混合气体，遇明火就会发生爆炸，我们称这个比例范围为爆炸极限，爆炸极限范围越宽，爆炸限越低，其爆炸危险性越大。例如，天然气爆炸极限为 5%—15%，液化气爆炸极限为 2%—10%，人工煤气为 6%—70%，可见它们的爆炸危险性依次为天然气、液化气、人工煤气。

（三）易扩散性

扩散性是指物质在空气或其他介质中的扩散能力，燃气的扩散性取决于密度与扩散系数两个主要因素。不同种类的燃气密度也不一样，天然气和人工煤气比空气轻，气态液化气比空气重约 0.5 倍。它们都有很强的扩散性，燃气扩散能力越强，火势蔓延速度越快，火灾燃烧面积和破坏程度越大。

（四）压力供应性

燃气的输配都采用压力输配，天然气、人工煤气等通常以压力管道形式输送，进入家庭时一般都小于 0.01 大气压，而瓶装液化气钢瓶内约为 2—10 个大气压，液态液化气变成气态时体积扩大约 250 倍，在燃气安全事故中的危险性远大于管道燃气。

（五）连续供应性

管道燃气较之液化气更容易实现长期、稳定、连续的供应。该特点在一定程度上更易造成持续和大量的燃气泄漏，形成更大范围的爆炸性气体空间，使事故的波及范围扩大。

二、天然气爆炸、燃烧原因及痕迹特征

（一）天然气爆炸、燃烧原因及特点

由于天然气的点火能量非常小，成为其点火源的能量就非常多，一般吸烟、加热、电气设备的开闭等均可成为天然气火灾爆炸的点火源。所以，一旦发现天然气泄漏，需尽快关闭阀门，开窗通风，稀释燃气，避免明火。电冰箱、洗衣机等家用电器运行时也会产生电火花，也须引起警惕。

天然气的组成和性能决定了它是一种火灾危险性比较大的可燃气体，属一级可燃气体。常温常压下，只要天然气与空气的混合物在封闭空间的浓度在爆炸极限内，遇明火即发生剧烈爆炸。即便是静电产生的火花、冰箱瞬间启动、插拔电源、开关灯等均可引爆天然气。

天然气爆炸时冲击力强，破坏性大。由于天然气引爆时，爆炸中心的空气突然减少，同时随着冲击波方向相反的强大吸力，这样"一推一拉"加大了破坏程度，使建筑严重损坏，人员伤亡惨重，火场更加复杂。

天然气爆炸燃烧速度快，火焰温度高。天然气与空气形成混合物的燃烧速度为 9~12m/s，在火灾的情况下其燃烧速度更快，容易瞬间形成立体燃烧，从而导致空间全部着火的局面。另外，由于天然气热值大，燃烧时火焰温度可高达 2800℃以上，产生强烈的辐射热，也能使周围的可燃物快速着火，燃烧面积迅速扩大。

（二）天然气燃爆现场的主要痕迹特征

天然气发生爆炸时产生的高温、高压爆炸气体产物急剧膨胀，连续猛力压缩四周空气而叠加成波。由于空气充足，燃烧完全，因此多数火灾现场的烟熏痕迹并不明显。如在冲击波峰值的超压作用下，一定范围内的建筑物门、窗玻璃破损，砖墙裂缝、屋瓦掀起掉落，房顶倾斜倒塌，但无高温作用痕迹；一定范围内的物体位移、折损，树叶冲光，草尖暴吹旋起，均无高温作用痕迹；一定范围内的衣服等纺织物品破损呈撕裂状，无网状穿孔，无烧痕等。

因天然气比空气轻，故当天然气泄漏时，必然向室内的屋顶扩散，且逐渐由屋顶高位向低位扩散，向室内空间扩散，向空气易流动的地方扩散，形成室内不同高度、不同部位的天然气在空气中的体积分数不同。

对于如厨房、洗手间等小房间，由于空间小、窗户少，空气流动性极差，天然气流动扩散很慢，往往这些房间内天然气体积分数较大，多数已超过爆炸上限，因此这类房间多以燃烧为主，爆炸现象很少。如果天然气体积分数过大，空气过于稀薄时，这个房间往往不会发生爆炸，也不会燃烧着火。一般情况下，天然气更容易向空阔的房间扩散，当空阔的房间中天然气体积分数达到爆炸极限，此时遇到明火源就会发生不同程度的爆炸。这种爆炸威力大小由天然气在空气中体积分数大小来决定，当天然气体积分数接近爆炸下限时，以爆炸为主，当天然气体积分数接近爆炸上限时，以燃烧为主，爆炸威力较小。

天然气爆炸的炸点以引爆的火源点来确定，火源点与爆炸点不好确定的，可以根据现场抛出物分布情况确定。由于天然气在空间分布得不均匀，有时引爆点不一定是破坏最严重的地点。所以要根据多方向的建筑物破坏情况分析爆点。对于大多数现场，处于泄压口的物品、构件受到的冲击力最强，所以在现场周围能看到最多最远的是门、窗物件及泄压口附近的物品。

而处于爆炸点的人或物一般不易遭到很大的破坏或不会被抛出，这是因为爆炸中心受冲击力最小。

三、天然气爆炸火灾现场勘验要点

（一）根据燃气理化性质和现场结构特点分析痕迹特征利

用现场火灾痕迹整体特征，对现场中存在的特殊痕迹现象加以分析判断，尤其是对现场的烟熏、倒塌、破裂、炭化等痕迹进行重点勘验，排除局部干扰，从整体上把握火灾现场痕迹，以准确认定天然气起爆点、泄漏点的目标以及火灾的燃烧程度、蔓延速度、方向等信息。通常在天然气火灾爆炸现场中，泄漏点、起爆点、爆炸中心以及起火部位不在同一个位置，一个火场可能有多个爆炸中心和多个起火部位。因此，在勘验过程中，就要通过概览勘查，确定重点区域，找出爆炸中心及起火部位，然后对重点区域进行细致勘查分析，确定起爆点。

（二）注重爆炸抛出物的勘验以确定起爆点的位置

天然气爆炸时从爆炸中心及其附近向周围抛出的物质称为抛出物。根据抛出物的分布情况可判断这些物质在爆炸前的位置，根据抛出的远近可分析爆炸力的大小。抛出物除烟痕外，还有熔化、燃烧、冲击等痕迹。这些痕迹只有接近爆炸中心才能形成。爆炸现场抛出物的分布是有规律可循的，爆炸中心附近的物质以炸点为中心，呈现球面辐射状抛出散落分布，抛出物的原始位置一般在现场位置和炸点位置之间。相同物质距炸点近的抛射得远；距离炸点距离相同时，中等质量的物体被抛射的最远。

（三）了解造成室内天然气泄漏的主要因素

据有关部门统计，橡胶管泄漏占泄漏事故的比率最高，其次是燃气灶具。橡胶软管破损开裂，主要是由于超期使用、摩擦受损、高温老化以及居民私自安装，未按标准使用紧箍圈加固而脱落等原因造成，也有一些低层或地下室住户发生过软管被老鼠咬破的情况。

燃气灶具漏气，主要是燃气灶具超期使用（国家燃气灶具使用年限规定为8年），其万向节脱落或损坏漏气；其次是使用不符合国家规定标准的燃气灶具。2008年国家燃气灶具标准规定，燃气灶具应设有熄火保护装置，当燃烧熄灭15s后，熄火保护装置会自行切断气源，阻止燃气外泄。

（四）注重部门联合协作以及技术鉴定手段的运用

天然气发生火灾爆炸的形成原因很多，通常涉及管道的设计安装、设备的使用及产品的质量等多个方面。这就需要在事故的调查中通过公安、消防、公用事业局、建委等多个部门配合协作展开多方面的调查，不仅可以提供有力的专业技术支持，也能够提高事故认定的准确性和权威性。

发生天然气爆炸火灾后，在消防指挥中心接到报警的同时，通过同步联动机制通知燃气公司，有关技术人员到场后应及时切断关闭大楼登高管阀，阻断天然气管道的输送，在确定泄漏点前对天然气管网、阀门及接口、燃气软管、燃气器具等依次排查，并进行必要的气密性试验，最终准确认定泄漏点。检测时应有见证人的见证，及时调取该燃气用户燃气使用量信息。火灾调查人员在天然气爆炸火灾现场应尽量多提取墙、窗及屋顶的烟尘，尤其是爆炸冲击过的现场附着的微量烟尘。经过鉴定其微量烟尘，就可以判断出天然气是否存在，因此这一点一定不可忽视。

四、天然气火灾的处置措施

（一）天然气火灾处置原则

抓紧时机，以快取胜抓住火灾初期阶段的黄金时间，此时火势较弱，且周边物质尚未开始大范围燃烧，没有产生浓烟，对视线、行动影响较小，应抓紧时机利用身边便利条件，快速、精准找到火源，快速破灭火灾，避免进一步蔓延。

降低热量、防止爆炸要保证灭火供水的压力强度，同时要对起火物如液化天然气罐进行降温处理，优先处理可能引起爆炸的物质，稳定、扑救同时进行，避免容器、管道等因高温引起爆炸，造成更大损失。

抓住重点，实施救援在天然气火灾扑救时，需要先扑灭外围火势，之后向起火点发起总攻，避免火势进一步蔓延，但偶尔会遇到消防救援受阻、灭火设备有限的情况，此时抓住救援重点，理清救援难度和顺序，先易后难，控制火势等待救援队伍赶到。

有序进行，适时合围火灾救援时秩序十分重要，但往往现场十分混乱，如果火势较大，着火面积较广，救援人员应有序对各个起火点进行扑救，稳定火势，抓住时机对起火点进行围堵。

（二）天然气火灾处置措施

一旦天然气泄漏发生火灾或爆炸，要沉着冷静，科学、及时地进行处置，避免更大的财产损失及人员伤亡。

在家中遇到天然气泄漏情况，察觉到天然气臭味剂气味时，要赶快进行辨别和排查。确定发生天然气泄漏后，要及时关闭总燃气阀门，切断可燃性气源，立即开窗通风，使空气快速流通，降低天然气浓度，尽量避免引燃，完成操作后迅速从家中撤离。

开窗通风时要保持家中电器设备现状，避免因开关电源产生电火花或电弧引燃、引爆天然气，也不可在当前环境下使用手机、报警，更不要使用明火。如果此时女性穿着高跟鞋要脱掉鞋子或减小走动幅度，避免鞋跟与地面发生摩擦产生火花，引燃气体，穿着易起静电的衣物动作也应轻缓避免产生静电。

若发现不明气味并非阀门未关紧、燃气被扑灭或是管道破裂导致天然气泄漏，或是存在其他明显造成燃气泄漏的情况，要暂时从家中撤离，并拨打报修电话，通知燃气、物业专业人员进行检修。

如果外出回家，察觉到较为浓郁的疑似天然气泄漏的气味，应尽快通知周围邻居，关闭家中明火，避免开关电器电源，同时要尽快逃离燃气泄漏区域到气味消散处，拨打火警电话。

家中燃气灶着火，要尽快关闭燃气灶阀门及天然气阀门，用围裙、毛巾、被子或周边可浸湿的棉布浸湿后盖到火源上，之后再浇水扑灭火情，同时挪动开周边的可燃物。如火势过大则应关闭阀门后立即逃离，同时在安全地点联系消防人员。

油锅起火后，切记不能泼水，否则会导致油及火蔓延开来，正确的做法应是盖上锅盖及湿抹布，使火与氧气隔离，同时隔离开可燃物及助燃气体，也可向锅内投入大量的食材以冷却油锅灭火。

如遇液化天然气储罐着火，则需要将浸湿的棉被、衣物覆盖住阀门，避免烫伤，之后迅速关闭阀门，待阀门外的残留燃尽，火势自行消退。

（三）天然气火灾处置要点

如果天然气内硫化氢含量较高，消防人员需要佩戴防毒面具或防护面罩，避免吸入大量有毒有害气体导致昏迷，给火灾救援提升难度。

消防人员进入现场时，严禁穿着有金属物的鞋履或是化纤衣物，防止产生火花、静电，可以在进入火场前浸湿衣物，可有效防止静电产生。

如燃气泄漏未引发火灾，应注意避免动作幅度过大，撞击金属物产生火花，进行破拆时，可使用铜锤、胶锤、木锤等工具，避免出现火花。

从外救援室内人员需要破窗时，需选择侧风向进行操作，避免火势直冲窗外，造成人员伤亡。

在利用门板、墙体作为掩体时，要避免爆炸的热辐射、冲击波对人员造成伤害。

学会观察。注意观察气罐爆炸前兆，如果气罐发出刺耳哨声、震动距离、呈现白色火焰时，要迅速组织人员撤离，听见爆炸声时迅速卧倒并做好自我保护。

第二节　燃气泄漏的原因

一、管道因为腐蚀而破裂

腐蚀的原因可能是防腐设施不当、防腐层脱落、设备老化，或者燃气含水、阴极保护失效等，使管道发生腐蚀而穿孔泄漏。

由于腐蚀破坏的过程比较缓慢，从腐蚀开始至泄漏发生所需时间较长。

（一）土壤腐蚀

土壤是由固相、液相、气相三种形态组成。土壤中常常会含有大量的水分子，水中的一些离子是造成管道腐蚀的重要因素。当水中的离子与管道接触时发生电荷的转移，管道内形成电解池，表面的金属元素发生氧化还原反应，逐渐变成离子溶解在水中，随着时间的增长，管道的腐蚀越来越严重，最后甚至完全泄漏。

（二）管道腐蚀因素

面对水中离子的腐蚀，很多工程在施工过程中都会注意在管道外面包裹一层防腐物质，防止金属管道与雨水直接接触，然而，由于施工因素以及后来的环境风化可能导致外在防腐物质逐渐脱落，土壤中的腐蚀性物质与金属管道外壳接触发生反应，导致管道遭到腐蚀。

（三）金属材料因素

管道材料的物理化学性质以及表面的形态等都会在一定程度上影响到管道的腐蚀。一般来说，金属化学性质越稳定，越不容易与水中离子发生反应，其抵抗外界腐蚀能力越强。同时，金属中如果掺入一定量的其他合金元素，会构成原电池，导致腐蚀速度加快，因此在进行管道材料选择时，应该尽量采用单相合金。除此之外，金属管道的表面形态也会影响到管道的腐蚀效果。越是粗糙的表面越容易受到腐蚀，这是因为粗糙表面积累一定的污垢会生成钝化膜，极易受到破坏。

（四）大气腐蚀

大气中含有的水分会在金属表面发生冷凝进而形成一层水膜，水膜起到电解液的作用，形成了金属与一些离子的反应场所，促进了金属管道的腐蚀。一般来说，在潮湿的环境中，金属腐蚀的速度远远快于干燥环境中的管道。

（五）细菌腐蚀

细菌腐蚀主要是指土壤中含有的氧化菌、还原菌等细菌，这些细菌在一定的 PH 土壤中发生大量的增殖，并促进一些离子发生氧化还原反应，导致管道表面形成二层腐蚀，因此一般在硫酸盐管道腐蚀的现场都可以闻到硫化氢气味。

二、外力引起管道泄漏

主要是管道系统受到外加应力的作用，使管道发生断裂而泄漏。由于管道的接头等处容易发生应力集中，所以在受到外力作用时，这些部位更容易发生损伤。产生外力的主要因素有以下几种：

施工过程中，挖掘工具破坏地下管道或钻头、钉子、螺丝等刺破隐蔽的管道引发泄漏；

地下管道处于道路下方，因车辆碾压造成管道破坏；

地质因素变化，如地基下沉，地基处理不当、地质断裂等，造成管道受力破坏；

管道上方存在违章占压，未得到及时清理，会造成管道受力而破坏。

三、管道上存在制造缺陷

在生产和安装过程中，管道存在质量缺陷，导致管道系统"先天不足"，具体包括：

（一）燃气管道焊接的工艺

1. 焊缝焊接

在进行焊缝焊接时，需要对焊缝外观进行仔细检查，局部不能超过3mm，长度控制在50mm，同时在焊缝外观上要避免出现裂纹、气孔、咬边等现象。同时，焊缝射线无损检测应符合现行国家标准《钢熔化焊对接接头射线照相和质量分级》（GB-3323）的（Ⅱ级）规定的执行标准。遇到不合格的现象，应该立刻进行返修。在焊缝焊接完并且检验合格后，需要对焊缝进行喷砂除锈，同时加以防腐施工工序，更好地来对接下道工序施工。

2. 盖面

该层是选用焊条的直径，根据焊缝的厚度来选用的。每根焊条收弧、起弧的位置必须要与中层的焊缝接头错开，禁止在中层焊缝的表面引弧。该盖面层焊缝应该是表面完整，与管道是圆滑过渡的，焊缝的宽度为盖过坡口两侧约为2mm，焊缝加强的高度为1.5到2.5mm之间，焊缝表面不可以出现融合性飞溅、夹渣、气孔以及裂纹等等。不可以出现大于0.5mm的深度，且总长不大于该焊缝总长10%的咬边，在焊接完毕和清理熔渣之后，用钢丝刷清理其表面，并加以覆盖，避免在防腐前、保温的时候出现锈蚀。

3. 打底

选择氩弧焊来打底，由下往上的施焊。点焊起、收尾处可以用角磨机来打磨出最适合接头的斜口。整个底层焊缝必须要均匀焊透，不得焊穿。氩弧打底前一定要先用试板进行试焊，检查氩气是不是含有杂质在。氩弧施焊的时候应该将焊接操作坑处的管沟用板围挡。

（二）燃气管道焊接缺陷及成因

1. 夹渣

夹渣是指在焊接过程当中，出现一些不属于被焊接物体本身的物质，在高温作用下与被焊接物质相连接甚至相融合，一般出现在焊接的缝隙表面或是缝隙内部，会导致缝隙结合不严，焊接不牢，极大影响了焊接质量，甚至造成焊接断裂。想防止夹渣的产生就要在焊接前做好被焊接物体的清理工作，保证工作环境的整洁。运条的时候要保持匀速，尤其是焊道两侧的位置，可以增加一定的角度来控制熔渣的流动。

2. 气孔

气孔是指在焊接过程中温度控制不当，导致被焊接物体出现部分熔化现象，在冷却后于表面形成气孔。要想预防气孔的产生，同样需要对工作环境和设备进行彻底清理，保证无杂物无脏污。常用的方法为设立相对密闭的工作空间，根据工作要求进行设备的调整以适应材料。在必要时可以降低运条速度以减少气体运动，最重要的是要及时调整焊接温度，降低设备损坏的几率。

3. 裂纹

裂纹是对焊接质量影响最严重的问题。产生裂纹的原因很多，设备的污损、人员技术的差距、材料选择不当甚至温度的变化也会造成裂纹。想防止热裂纹就要在施工前进行一定的预热（包括设备和材料）并降低材料中的杂质含量。冷裂纹需要增加焊道横截面积，减小焊接缝隙的宽度，注意焊接线的选择。防止裂纹产生需要拥有丰富的经验和较高的工艺技术，要对焊接的每一个环节都做到精益求精。

4. 未焊透

如果焊接材料选择不当或者焊接时有移动，就会造成未焊透，也就是焊接不牢。一般是由于温度不够，未能完全熔化焊接表面，导致接触面未能充分结合。在焊接过程中，要注意温度的控制，可以像处理裂纹一样进行一定的预热以增加熔化的效果。运条时摆动幅度不要太大，沿焊道两侧均匀进行。提前对焊接面进行打磨处理，同时注意选择合适的材料，尽量保证两种物质熔点相近，以增加工作便利。

四、阀门发生泄漏

阀门由于受到天然气的温度、压力、冲刷、振动、腐蚀的影响，以及生产制作中存在的缺陷，阀门在使用过程中不可避免地产生泄漏，常见的泄漏多发生在填料密封处、法兰连接处、焊接连接处、丝口连接处及阀体的薄弱部位上。

连接法兰及压盖法兰泄漏：这种泄漏一般通过在降压的情况下，通过拧紧螺栓得以解决；

焊缝泄漏：对于焊接体球阀，有可能存在焊接缺陷并出现泄漏，这种泄漏很少见；

阀体泄漏：阀体的泄漏主要是由阀门生产过程中的铸造缺陷所引起的，当然，天然气的腐蚀和冲刷造成阀体泄漏，这种泄漏常出现在调压阀上；

填料泄漏：阀门阀杆采用的填料密封结构处所发生的泄漏，长时间使用填料老化、磨损、腐蚀等使其失效，通过拧紧或更换填料能够解决。

注脂嘴的泄漏；一般是由于单向阀失效造成的，在压力不高的情况下注入密封脂可得到解决。

排污嘴泄漏：一旦发现及时更换。

五、法兰发生泄漏

法兰连接是天然气管道和设备连接的主要形式，其泄漏也是天然气站场泄漏最为主要的形式。法兰密封主要是依靠其连接的螺栓产生的预紧力，通过垫片达到足够的密封比压，来阻止天然气外漏。

对于天然气管道，由于其输送介质具有腐蚀、高压以及会在输送过程中产生振动等特点导致天然气管道法兰密封失效，造成泄漏。天然气站场法兰泄漏主要有以下六个方面的原因：

密封垫片压紧力不足、法兰结合面粗糙、安装密封垫出现偏移、螺栓松紧不一、两法兰中心线偏移。这种泄漏主要由施工、安装质量引起，主要发生在投产试压阶段；

由于脉冲流、工艺设计不合理，减振措施不到位或外界因素造成管道振动，致使螺栓松动，造成泄漏；

管道变形或沉降造成泄漏；

螺栓由于热胀冷缩等原因造成的伸长及变形，在季节交替时的泄漏主要是由这种故障引起；

密封垫片长期使用，产生塑性变形、回弹力下降以及垫片材料老化等并造成泄漏，这种泄漏在老管线上比较常见；

天然气腐蚀造成泄漏，这种情况比较少见，但由于垫片和法兰质量问题也可能产生此种泄漏。

六、液化气罐破损

导致液化气罐破损的原因主要包括：

热裂纹。焊接接头冷却过程中，且温度处在固相线附近的高温阶段产生；

冷裂纹。在较低温度，即 MS 点以下的低温产生的，分为延迟裂纹、淬硬脆化裂纹、低塑性脆化裂纹；

再热裂纹。原件结构焊后消除应力热处理时，在热影响区的粗晶部位产生裂纹；

层状撕裂裂纹。主要是由于钢板的内部存在有分层的夹杂物（沿轧制方向），在焊接时产生的垂直于轧制方向的应力，致使在热影响区域稍远的地方产生"台阶"状层状开裂并有穿晶发展；

应力腐蚀裂纹。金属材料在某些特定介质和拉应力的共同作用下产生的延迟开裂。

七、软管破裂

连接燃气用具和管道或储气罐的软管多为塑料或橡胶管，经过一段时间后会老化破裂，引起燃气泄漏，特别是长时间受到燃气用具明火辐射更会加快老化速度。胶管可能由磕碰、鼠咬等原因导致破裂。

八、人为因素

（一）使用不当

人员长时间离开厨房时忘记关闭阀门或阀门关闭不严导致燃气泄漏。使用燃气灶具时无人看管，汤沸浇灭火焰或者风吹灭火焰，导致燃气泄漏。用完燃气灶具后，忘记关闭表后阀门或灶具阀门，也有可能导致燃气泄漏。

（二）安装不当

用户在更换液化气钢瓶时不仔细检查调压器，O 型胶圈老化、脱落或将手轮丝扣连接错误，或者连接不严导致泄漏。

第三节　燃气系统的调查

一、燃气系统的检验

通过对燃气系统的检测确定燃气系统是否发生了泄漏。检测时可采用压力测试的方法，通过对燃气系统加压的方法，检查压力变化情况来判定系统的密闭性。检验之前，应该将明显发生损坏的部分隔开或封死，甚至可能需要将燃气系统分为几段，分别进行测试。在隔开或封死损坏部分时，应该注意观察接头处连接不好的情况，避免将这类证据破坏。

如果燃气系统未被严重破坏，应通过检验其通气情况、附件密封情况等，确定这些系统是否正常。

（一）燃气管道整治检验

2019 年 8 月福建省市场监督管理局出台了《关于深化未经安装监督检验办理使用登记压力管道整治工作的通知》（闽市监〔2019〕151 号），依据通知要求，福建省特检院充分发挥技术优势，按照国家法律法规、安全技术规范标准，制定整治检验通用方案和专用方案，并结合实际扎实开展整治检验工作。

1. 燃气管道未进行安装监督检验的原因分析

近几年频频发现燃气管道存在安装未监检情况，究其原因主要有以下几个方面：

2014 年 1 月 1 日《中华人民共和国特种设备安全法》未颁布实施以前，部分安装单位在燃气管道安装前未办理安装告知，且未申报安装监督检验。

部分燃气公司、安装单位法律意识淡薄、主体责任落实不到位，未严格落实管道项目的告知、监督检验的管理制度。

部分地区存在多家燃气公司竞争，为抢占市场和加快燃气管道埋管速度，燃气管道在未办理告知且未申报安装监督检验的情况下就安装。

部分安装单位虽申报了安装监督检验，但由于与燃气公司、检测单位存在经济纠纷等问题，安装单位未及时提交无损检测报告和竣工资料等，导致监督检验工作未完成。

2. 燃气管道整治检验分类

（1）无设计资料的燃气管道整治

针对无设计资料（包括设计资料不符合要求）或未经有资质单位设计的燃气管道，使用单位应约请有资质的设计单位进行现场核查，核查内容包括材料选用、管道布置、管道系统应力状况、强度计算书等，并对核查发现的问题逐项提出整改要求，在使用单位完成整改后出具相关燃气管道设计文件。

（2）无竣工资料的燃气管道整治

对于无竣工资料（包括竣工资料不符合要求），或无资质单位安装的燃气管道，使用单位应约请有资质的安装单位根据设计文件、施工规范要求对管道材质、无损检测、管道耐压性及严密性等进行排查确认，对发现的问题逐项整改到位。安装单位在确认安装质量符合现行国家法律法规、安全技术规范和标准以及设计文件要求后出具安装质量确认资料（包括管道材质相关证明文件及其检验检测报告、无损检测报告、相关试验报告、竣工图、安装质量证明书等）。

（3）现场整治检验

检验机构应对使用单位提供的设计资料、安装确认资料等进行审核，在资料审核符合要求的情况下制定整治检验方案，开展管道位置走向检查、开挖检验、管材与焊缝性能验证、无损检测、耐压试验与严密性试验等，并出具整治检验整改意见书，并在使用单位完成检验问题整改后出具整治检验报告。

（二）燃气管道安装监督检验质量控制

燃气管道安装监督检验要严格对资料审核、材质确认、焊接质量、无损检测、耐压试验与严密性试验等关键环节的质量进行控制。

1.资料审查

在资料审查过程中，要严格对施工告知、设计单位与安装单位的资质、安装人员（含焊接）的资质、施工方案、施工计划、施工许可文件和焊接工艺评定等资料进行严格审查。严格要求安装单位提供资质原件或者加盖红章的复印件，并进行网络资质核查。设计资料要重点关注设计图纸的规范性、印章、引用标准是否符合要求，同时要严格核查质保体系人员和焊工等是否持证上岗。

2.材质确认

首先应对管材管件的合法性进行审查。对于所有纳入制造许可要求的管件，应检查制造许可证书；对于聚乙烯管和焊接钢管，应检查制造监检证书；对于有型式试验要求的管材，应检查型式试验证书及报告，并对其覆盖范围进行审查。

其次应对管材质量证明书和合格证的真实性进行审查。质量证明书和合格证应有制造单位质量检验人员和质量保证工程师签章。倘若是从供应商处购买，应当加盖供应商的公章。最后应对实物进行抽查，检查管道组成件的实物标记（特别是材料牌号、制造标准、制造许可标识等）是否与质量证明书相符；是否符合设计文件规定；是否已经入库验收合格，并以抽样的方式按批次对材料进行壁厚测定；是否根据需要开展光谱或无损检测抽查等。

3.焊接质量

焊接质量的好坏直接影响着管道投用后的安全运行，监检人员应重点查阅焊接工艺规程和焊接工艺评定报告，审查其焊接方法、焊接材料、焊缝金属厚度等是否符合管道施焊要求。为确保焊接的有效性，还应重点审查焊工的资格，确认焊工的施焊范围能否适用于所施焊的项目（焊接方法、材料类别、焊接位置）。现场检查焊接设备、焊材贮存场所和焊材的保管、烘干、发放与回收管理制度执行情况、焊工执行焊接工艺纪律的情况和焊缝焊接质量等。

4.无损检测

无损检测首先应查阅无损检测方案，重点审查无损检测的方法、依据的标准、比例、合格级别应符合的相关标准规范和设计文件规定。

其次要审查无损检测人员资格，检查无损检测设备、器具及无损检测工艺能否满足现场施工和标准要求。

再次审查无损检测报告和原始记录是否内容完整，签字齐全，以及检测、校对和审批人员资格应符合要求。

最后进行无损检测抽查，包括射线检测底片抽查、现场检测活动观察、底片影像复核、射线检测抽查等。

5.耐压试验与严密性试验

管道系统安装完毕，在外观检查合格后，应对全系统进行分段吹扫。吹扫合格后，方可进行耐压试验和气密性试验。耐压试验前，应确认燃气管道的无损检测已经合格，相关安装工作均已完成且见证材料齐全，并到现场进行监督，确认试验结果应符合相关规范要求。

（三）燃气管道信息化管理

早期燃气管道管理不够规范，特别是质检总局办公厅《关于压力管道气瓶安全监察工作有关问题的通知》（质检办特〔2015〕675号）发布以来，部分地区取消办理公用管道的使用登记，公用管道信息基本未进行管理。部分地区虽有办理公用管道使用登记，但登记信息也是基本不全或存在错误，如部分管道存在单元信息缺失、数据严重错误或填写不规范，未严格区分管道的规格和长度等，因此开展管道信息化管理具有重要的意义。

燃气管道由于各节点的分布特性，呈现出的是一种"网"状分布，其在单个工程中也是呈现多起点，多终点的特性，这些特点与工业管道以及容器具有较为明显的区别。在燃气管道数据管理上应"轻设备（装置）数据，重管道单元"，一般检验平台都采用"装置+管道单元"的信息管理模式，通常"装置信息"数据包中的有效数据信息较少，导致在定检阶段，燃气管道按照区域进行归并（挂接）管理时，将管道单元信息从原"设备（装置）"中"迁移"到按区域设定好的"设备（装置）"中后，找不到原"设备（装置）"，故有必要将"设备（装置）信息"中一些必要数据项更新到"管道单元"信息中，以便后期数据转移。

1. 管道装置确定

燃气管道装置，建议按照一定的使用区域范围设置，但每一装置所含的管道单元不宜太多（建议不超过500条），一般以燃气管道的阀门井或测试桩为分段点。设置时应考虑管道工程安装时间、定期检验时间等因素，便于进行日常安全管理及定期检验。

2. 管道单元确定

按照同一管道装置（或者工程）、同一材质、同一规格、同一起止点定义为一个管道单元。燃气管道如有分支管或钢塑过渡的，应单独划分出管道单元。当管道单元的设计单位或安装单位不同时，应当划分为不同的管道单元。对于跨县（区）行政区域的管段，使用单位应以管道途经的行政区域分界线为界划分管道单元，同时在行政区域分界处管道上或管道对应的地面上做好分界标识并备注标识号。跨县区的管道单元起点、止点应清晰明确。管道单元作为管道动态监管的最小单位，不得随意变化，管道单元的划分应便于日常管理及定期检验。

3. 管道编号编制

管道单元应用管道编号进行唯一标识，要求同一个使用单位内的管道编号不允许重复。可按照"县（区）行政地名汉语拼音首字母–片区代号（或缩写）–工程内部编号（或设计图号或项目管理编号，应为使用单位唯一的编号）–序列号"编制管道编号。例如：仓山区金山镇14501工程01号管道单元，管道编号为CS-JSZ-14501-01。对于跨县（区）的管道，在县（区）行政区域边界上如果有两个相连的管道单元，管道编号应按上述规则编制后加"K"。

4. 管道单元归并（挂接）

由于管道装置的改建或归并，或新使用登记合并办理的要求以及历史信息清理的需要，通常需要进行管道单元的挂接。首先应明确要挂接的管道单元，再查找目标管道、目标管道装置，最后确认挂接信息，挂接至目标管道装置。要求挂接至目标管道装置后，管道单元信息都不变，管道编号做好唯一标识，同时做好挂接过程的日志记录，以便后期可以追溯。

二、泄漏气体的确定

（一）燃气管道泄漏事故类型

燃气管道包括了燃气输送管道和燃气分配管道。燃气输送管道是将燃气输送到用户集中处，配给管道后再对每个住户进行燃气配置。而在这一过程中包括了输配门站、长输管线、道路中低压管线、燃气调压箱（站）、庭院分支管线以及室内的燃气管道等，这些管道和设施共同形成燃气的输配网络。燃气管道出现的泄漏总体来说可以分为两种：一种是地下管道出现泄漏。地下管道出现泄漏一种情况是管道接口松动导致泄漏，输送管道出现锈蚀或者断裂（如灰口铸铁管道断裂）等都会导致燃气泄漏，另一种原因就是外力的破坏，但是这种可能性是非常小的。第二种燃气管道泄漏是用户在使用中出现的燃气泄漏，而出现这种情况的原因主要是用户家中燃气管道及设施老旧或者使用不当。

（二）导致燃气管道泄漏的原因

燃气管道发生泄漏事故的原因很多。如建设中的管道材质问题，施工中的相关技术操作不到位，施工环境的制约，地质条件的制约，在后期维修管理不到位以及操作使用不当都是导致燃气管道出现泄漏的重要原因。导致燃气管道出现泄漏事故的原因总体分为以下几类：

1.施工原因导致的泄漏事故

施工中导致的燃气管道出现泄漏事故的可能性是最大的，也是最主要的动因。

首先，材料质量直接影响着后期管道的使用寿命。燃气管道对材料的质量和气密性要求非常高。但是往往施工质量会导致管道出现问题，最终导致燃气管道的泄漏事故。如在施工中，没有做好接口的严密性，在焊接操作中焊接不彻底，导致后期使用出现破裂和松动，或是在焊接过程中，对夹渣，气孔等施工问题没有及时有效地解决。

其次，施工中的地质环境影响着施工质量。燃气（尤其人工煤气）中含有大量的腐蚀性气体，这种腐蚀性气体会严重腐蚀管道。由于在施工建设中有的施工地点地质土壤具有腐蚀性，若金属管道防腐层破损或者焊口防腐不合格，腐蚀介质会对管道造成一定程度的破坏，这种破坏会随着运行年限的增加而不断加重。所以在施工建设中应该对施工的地质条件进行严密测定，对于传统的腐蚀区域出具地质勘验报告，根据地勘报告制定严密的施工计划和解决方案。

最后，施工条件直接影响燃气管道的安全施工。有的燃气管道需要采用非开挖的定向穿越技术穿越马路，在施工中也会划伤金属管道防腐层或者 PE 管表层，从而加速管道的老化，降低了燃气管道的使用寿命。

2.后期维修和管理不当导致的泄漏事故

燃气管道投运后，需要按照规程要求对其进行周期性的维护，如周期性巡检，定期对金属管线的防腐层进行检测，或定期对阴极保护电位进行检测等。通过这些措施可以检测出深埋的燃气管道的运行情况，发现问题及时进行维修处理，若上述措施不到位，极易发生运行管道的泄漏事故。

3.使用操作不当导致管道泄漏事故

燃气管道运行后，在使用过程中，由于燃气输配管道没有进行定期更换和检查，导致管道老化，最终导致燃气泄漏，如没有定期对穿墙引入管进行检测和更换、没有定期对连接灶具的胶管进行更换等。

（三）如何防止燃气输配管道泄漏

燃气输配管道是推动城市化建设的重要资源，燃气经营单位和使用单位都应该采取有效措施，确保其运行安全。

第一，制定事故应急预案，保证在问题出现的第一时间采取相应的对策。燃气事故安全应急方案包括了两大重要内容。首先，是制定燃气输配的管理方案。对燃气管道进行科学合理的检查，做到对问题及时发现及时解决，积极排除导致安全事故出现的各种不良因素。其次，是制定事故应急预案。燃气输配管道泄漏事故可能会造成巨大的经济损失和人员伤亡，所以在问题出现之前应该对安全事故制定相应的应急预案，这个应急预案要包括事故伤害等级，处置流程，应急处置方式等等。

第二，安全管理工作必不可少。燃气管道的安全管理和保护工作是实现燃气输配安全的重要手段之一。相关部门应该积极制定相应的管理措施，保证管理措施切实有效地实施。首先对燃气输配管道的运行情况进行检查和维护。其次，在施工建设的过程中，合理安排燃气管道的线路走向，使其与其他专业管线保持规范要求的安全间距，并减少其在建设过程中的损伤。此外，在管道建设的过程中，在管线上方敷设好警示带、示踪线、安装警示桩等，以确保管线安全运行。

第三，应该加强相关工作人员的技术指导和安全教育培训。在对工作人员的培训中，应该着重培训施工人员的施工技术，如金属管道的焊接、非金属管道的热熔焊接、电熔套筒的焊接工艺、管线碰头地点的处置等关键部位的施工技术要求，要求施工人员严格按照规范和操作规程施工，确保施工质量。

第四，坚决杜绝第三方破坏事故的发生。随着城市建设的不断扩张，施工作业对燃气管线造成的破坏急剧增加。在日常工作中，应该加强对已运行燃气管道的巡检，发现交叉施工时，及时向施工人员进行交底，向其提供燃气管道图纸，并安排监护人员做好旁站式监护，防止因交叉施工造成第三方破坏事故。

三、泄漏位置的确定

（一）管道泄漏检测与定位的性能指标要求

一个高效可靠的管道泄漏检测与定位系统，必须在有燃气泄漏发生时，及时地发现泄漏并能准确地指出管道泄漏的发生位置，而且能适应管道周围的复杂自然环境和运行工况变化，即要求管道泄漏检测与定位系统的误报率、漏报率低，且鲁棒性强，同时还应便于维护。一般采用如下几个指标来衡量。

1. 灵敏性

泄漏检测系统能够检测从燃气管道发生渗漏直至管道断裂全部范围内的泄漏情况，并发出正确的报警提示，包括系统能够检测出的泄漏量的变化范围和管道长度，尤其是最小可测燃气泄漏量和最大可测管道长度。

2.定位精度

定位精度指系统能够检测出的泄漏位置与实际泄漏位置的差异。当燃气管道发生不同等级的泄漏时，检测系统提供的泄漏点位置与管道真实泄漏点之间的误差要小，便于管道维护人员尽快到达泄漏地点组织维修。

3.响应时间

响应时间指从燃气泄漏发生到被检测出并进行报警的时间间隔。响应时间要短，以便管道维护人员能够及时发现泄漏并采取维护措施，减少损失。

4.误报率和漏报率

检测系统应具有较低的误报率和漏报警率。即检测系统的除噪、抗干扰能力强，能够准确地检测出泄漏，不发生或少发生实际未泄漏而报警或实际泄漏而未报警的情况。

5.评估能力

检测系统对燃气的泄漏量大小、泄漏时间、泄漏损失等情况的估计具有较准确的能力。

6.适应能力

检测系统对燃气管道的运行工况变化的适应性，对不同的管道周围环境，不同的燃气介质及管道拓扑结构发生变化时均有效。

7.有效性

可连续检测管道泄漏的能力。

8.维护要求

检测系统使用和维护的简易性，当检漏系统出现故障时，要容易调整，可尽快修好。

9.性价比

检测系统所能提供的检测性能与系统投资、运行及维护的花费的比值要高。

（二）天然气管道泄漏检测与定位方法

根据检测位置的不同，目前国内外常见的方法基本上可以分为两类：管内检测法和管外检测法。

管内检测法一般基于磁通、涡流、摄像等通球试验技术，该方法在长输油气管道中使用较多。其中基于磁通检测原理的智能爬机在管道工业中应用最为普遍，该装置在管道内靠气缸伸缩产生蠕动前进，前进过程中随带的信号采集系统就会收集燃气管道内壁信息，由于铁磁性材料与缺陷处介质的导磁率不同，理论上当管道内壁表面完好无缺陷时，其磁力线可全部通过由铁磁材料构成的被测物；一旦管道内壁存在缺陷，缺陷处的磁阻将变化，从而磁通会在缺陷处发生畸变。利用相关软件对爬机采集的漏磁信号数据进行分析处理后，可以得到管内壁厚度、腐蚀状况、粗糙度等信息，当然也可判断管道是否燃气泄漏。目前此项技术在国内外已经发展得比较成熟，在无损检测领域具有重要的意义和广阔的应用前景，并大量用于各种介质的管道中，它的作用不仅在于对管道介质的泄漏情况进行检测，而是一套管道综合检测系统。但是智能爬机系统的缺点是不能实现连续的在线检测，且检测系统价格相对昂贵，只适用于那些没有太多的弯头和连接处的管道，同时它的操作需要有丰富的实践经验。

管外检测法一般基于管内流体压力、温度、流量、声音以及振动等物理参数发生变化的情况来进行泄漏检测，又根据检测对象的不同，分为直接检测法和间接检测法。直接检测法是指对泄漏物进行直接检测的方法。例如人工巡检法、检测元件法和红外线成像法等。人工巡检法是目前我国大部分城市燃气公司惯用的管道检测方法，即由燃气巡线员携带手持式可燃气体检漏仪或燃气检漏车定期沿管道敷设位置路面巡视，通过看、闻、测、听等方式来判断是否有燃气泄漏。由于不同种类的燃气泄漏后，其密度不同、周围自然环境不同而导致其流向不同、燃气浓度不同，同时燃气管道周围的污水、垃圾等也会产生沼气等可燃气体干扰检测的准确度，因此该法检漏和定位的准确度与巡检人员的经验和主观判断关系重大。检测元件法中具有代表性的检测元件是光纤传感器，由于光在信号传输、衰减和抗干扰方面有着独特的优越性，其利用光的特性进行泄漏检测，即在管道施工时将光纤铺设于管道外，当燃气泄漏时造成光纤传输损耗增加，当传感器接收的光强低于设定值时，系统就会发出警报。目前主要应用的有光时域反射法和干涉法，该方法具有较高的灵敏度，但由于该法是通过光纤与泄漏物的反应来对管道进行泄漏检测，反应后的光纤要进行修复后才能重新使用，故对埋地燃气管道来说，其材料成本高、连续使用性差。红外线成像法是由直升飞机携带一台高精度红外摄像机沿管道飞行，通过记录和分析埋地燃气管道周围不规则的热辐射效应来判断燃气管道是否泄漏，但该法的缺点是不能对管线进行连续实时检测，发现泄漏的实时性差，同时其检测成本高，对管道的敷设深度也有一定限制。

间接检漏法主要是通过对管道内压力、流量、流速、声速等运行参数进行分析和处理，以此来判断泄漏是否发生以及泄漏点的位置。这类方法又分为基于信号处理的方法、基于模型的方法和基于知识的方法。其大体包含质量或体积平衡法、压力梯度法、负压波法、流量平衡法、神经网络法、声波法、实时模型法、瞬变流检测法和模式识别法等。间接检漏法的主要优点是适应性强、安装简单，但由于燃气具有可压缩性、动力粘度低、单位管长摩阻小等因素，使其对检测仪表的精度要求很高，否则会带来较大的定位误差。因此，在应用这类方法时通常需选用精度较高的仪表，或利用数学方法对采集的数据进行修正。

（三）泄漏位置的确定方法

1. 涂抹肥皂水检验

将肥皂水涂抹在怀疑发生泄漏的部位（如管道连接处、附件和用具接头上），如果燃气系统内仍存在压力（关闭燃气供应后，可在局部利用空气给系统加压），在气压作用下将在泄漏处产生肥皂泡沫，从而发现泄漏部位。

2. 用气体检测仪检查

用气体检测仪在建筑物内检测燃气系统的接头和连接件。还应检测建筑物周边，例如检测建筑物外面路面上的开口处的大气组分。因为从地下管道泄漏出来的燃气可能出现在这些地方。应沿着输气管道的方向，检测路面的裂缝、路缘线、现场勘验孔、下水道开口等部位。地下输气管线的位置可由燃气公司的地图或电子定位仪来确定。

3. 钻孔检测

当怀疑地下管道泄漏时，可采用钻孔检测的方法寻找泄漏点。检测时，沿着燃气管道的走向，在管道两侧等距离的部位，在地面或路面打孔，然后用气体检测仪进行地下气体检测，并将检测结果标注在管道图上。比较每个钻孔检测的燃气含量，根据燃气含量的变化确定泄漏点的位置。

4. 根据相关迹象确定

燃气泄漏时，可能存在一些迹象，调查这些迹象可以确定泄漏点的位置。如，长期存在的地下泄漏可能会使附近的草、树或其他植物变黄甚至枯死，根据这一迹象可以判断泄漏点的位置。此外，长期存在的泄漏可能使这一区域存在燃气的气味，泄漏点较大时可能存在泄漏的声音，根据这些也可以判断泄漏点的位置。

四、火源的确定

由于燃气的扩散性，火源与泄漏点之间可能存在一定的距离。在确定火源时，应该先根据现场的情况确定爆炸中心或起火点的位置，然后在这些部位寻找火源。除了注意火灾现场长期存在的火源外，还应该考虑一些临时火源，如临时动火、车辆飞火等。特别是一些弱火源，如静电火花、金属撞击火花等。

第九章　火灾爆炸事故调查

第一节　火灾爆炸常见事故分析

一、泄漏引起火灾爆炸

石油化工管道大多输送易燃易爆介质，管道破裂泄漏时极易导致火灾和爆炸事故。这是因为泄漏的可燃介质遇点火源即可燃烧或爆炸。管道经常发生破裂泄漏的部位主要有：与设备连接的焊缝处，阀门密封垫片处，管段的变径和弯头处，管道阀门、法兰、长期接触腐蚀性介质的管段，输送机械等。

因管道质量泄漏：如设计不合理。管道的结构、管件与阀门的连接形式不合理或螺纹制式不一致，未考虑管道受热膨胀问题；材料本身缺陷。管壁太薄、有砂眼，带材不符合要求；加工不良，冷加工时，内外壁有划伤；焊接质量低劣。焊接裂纹、错位、烧穿、未焊透、焊瘤和咬边等；阀门、法兰等处密封失效。

因管道工艺泄漏：如管道中高速流动的介质冲击与磨损；反复应力的作用；腐蚀性介质的腐蚀；长期在高温下工作发生蠕变；低温下操作材料冷脆断裂；老化变质；高压物料窜入低压管道发生破裂等。

外来因素破坏：如外来飞行物、狂风等外力冲击；设备与机器的振动、气流脉动引起振动、摇摆；施工造成破坏；地震，地基下沉等。

操作失误引起泄漏，如错误操作阀门使可燃物料漏出；超温、超压、超速、超负荷运转；维护不周，不及时维修；超期和带病运转等。

二、管道内形成爆炸性混合物

在停车检修和开车时，未对管道进行置换，或采用非惰性气体置换，或置换不彻底，空气混入管道内，形成爆炸性混合物；检修时在管道（特别是高压管道）上围堵盲板，致使空气与可燃气体混合；负压管道吸入空气；操作阀门有误，使管道中漏入空气或使可燃气体与助燃气体混合，遇引火源即发生爆炸。

三、管道内超压爆炸

管道的超压爆炸与反应容器的操作失误或反应异常有关。如冷却介质输送管道出现故障，导致冷却介质供应不足或中断，使生产系统发生超温、超压的恶性循环，最终导致设备、管线发生超压爆炸事故。

在管道中由于产生聚合或分解反应，会造成异常压力。如在乙烯和过氧化物催化剂的管道中，温度过高，超过催化剂引发温度，乙烯就会在管道内聚合或分解，产生高热，使压力上升，导致管道胀裂或爆炸。

连续排放流体的管道，尤其是排放气态物料的工艺管线，因输送速度降低等因素会导致设备内的物料不能及时排出，从而使设备发生超压爆炸事故。

四、管道内堵塞爆炸

管道发生堵塞，会使系统压力急剧增大，导致爆炸破裂事故。输送低温液体或含水介质的管道，在低温环境条件下极易发生结冰"冻堵"，尤其是间歇使用的管道，流速减慢的变径处、可产生滞留部位和低位处是易发生"冻堵"之处。

输送具有黏性或湿度较高的粉状、颗粒状物料的管道，易在供料处、转弯处粘附管壁最终导致堵塞。

管道设计或安装不合理。如采用大管径长距离输送或管道管径突然增大，管道连接不同心，有障碍物处易堵塞；物料夹杂着大碎块时易造成堵塞；物料具有粘附特性，若不及时清理，发生滞留沉积等情况，可造成管道堵塞。

操作不当使用管道前方的阀门未开启或阀门损坏卡死，或接收物料的容器已经满负荷，或流速过慢，运输时突然停车等都会使物料沉积，发生堵塞。

五、发生自燃火灾

管道内结焦、积炭，在高温高压下易自燃，引起燃烧或爆炸。在加工含硫原料油的炼油厂的高压管线中，硫化亚铁是一种很常见的物质，它是铁锈和硫化氢发生反应的产物，设备停用后打开，以及维修之前与空气接触，就会迅速发生自燃。

管道内介质温度超过物质的自燃点，物质泄漏出来与空气接触便会自燃。

六、具有多种引火源物料

在进行管道输送时，有多种引火源存在。启闭管道阀门时，阀瓣与阀座的冲击、挤压，可成为冲击引火源。阀门在高低压段之间突然打开时，低压段气体急剧压缩，局部温度上升，形成绝热压缩引火源。物料在高速流动的过程中，粉体与管壁、粉体颗粒之间、液体与固体、液体与气体、液体与另一不相溶的液体之间、气体与所含少量固态或液态杂质之间发生碰撞和摩擦，极易带上静电，产生火花。

危险物料输送管道周围具有摩擦撞击、明火、高温热体、电火花、雷击等多种外部点火源。可燃物料从管道破裂处或密封不严处高速喷出时会产生静电，成为泄漏的可燃物料或周围可燃物的引火源。

七、易造成火灾蔓延的通道

由于管道连接着各种设备，管道发生火灾不但影响管道系统的正常运行，而且还会使整个生产系统发生连锁反应，事故迅速蔓延和扩大。特别是管内介质有毒时，对人的生命威胁更大。在管道中传播的爆炸，一定条件下会发生由爆燃向爆轰的转变，进而对生产设备、厂房等建筑物造成严重的破坏。

第二节　轻工纺织生产企业火灾事故

纺织企业是火灾事故多发行业，其生产车间多使用彩钢板房，车间密集，连成一片，厂房内管道多且设置复杂，设备排列紧密，电气设备多，自然通风条件差，作业环境复杂。其生产用的原料、半制品、成品多为易燃可燃的棉、麻、化学纤维以及纱、布等。生产及设备维修过程中需要采用汽油、苯、香蕉水等易燃易爆危险物品，且生产过程中用电、用热较多，火灾危险性较大，一旦发生火灾后燃烧迅速，现场痕迹多变，给火灾调查人员带来很多困难。

一、棉纺织企业火灾成因分析

火灾发生的三个必备条件是有可燃物质、助燃物质及引火源。在棉纺织企业生产过程中，可燃物质、助燃物质是客观存在的，生产过程中可能产生引火源。以下从人－机－环境系统的角度来阐述棉纺织企业火灾的成因。

（一）人的不安全行为

1.吸烟引起

棉纺织企业车间、库房是严禁吸烟的，但许多企业管理不严，少数职工躲在办公室、保全保养室、车间配件房、实验室内吸烟，留下火灾隐患。部分企业车间旁边设有厕所或者休息室，允许员工在里面吸烟，一旦员工乱扔烟头，易引燃车间内的可燃物。

2.违章作业

设备安装、检修动用明火时没有严格遵守动火作业的相关规定，违章动火作业；员工技术不熟练或者工作时麻痹大意、心存侥幸，违章操作，造成工艺混乱，特别是在带电、高热工艺条件下，这样易引发火灾。

（二）物的不安全状态

仓库内布置不合理，间距不符合防火要求，密集堆放、超量储存。一些企业为了节省库房，减少投资，仓库内棉花堆放没有按规定留好间距，过于密集，堆放时间过长会导致库内温度升高，引发棉花阴燃，最终导致火灾。

棉、麻、化学纤维等纤维燃点低，且棉花具有易燃的特点。棉纺织企业生产原料主要有天然纤维（如棉、麻）和化学纤维（如涤纶、粘胶）两大类，其纤维细小，与空气接触面积大，容易燃烧。棉花，其纤维的主要成分是纤维素、蜡质和脂肪等，其中纤维素含量达 93.87%，这些纤维素都是碳水化合物，具有可燃的性质。由于棉花的纤维细小，又有许多孔隙，与空气中氧的接触表面大，孔隙内又含有空气，因此哪怕碰上微小的火星，也能很快起火并迅速蔓延。棉花的着火温度比木材低，木材一般在 295℃左右，而松散的棉花仅为 150℃左右，棉花的燃烧速度比木材快 16~25 倍以上，只要遇到火花就可能起火。另外打包的棉花还具有易阴燃的特点，这种阴燃常常在局部或小范围内缓慢进行，阴燃时间短则数小时，长则数天，不易被人发现。麻纤维呈束装状态，其燃烧速度比棉花快。粘胶通常是利用自然界存在的纤维素材料经过人工加工而成，它们的燃烧性能与棉、麻相似。而涤纶的燃烧特点是先熔融后燃烧，在高温情况下，燃烧十分猛烈，与棉麻相比较，涤纶只是在温度较低时不易燃烧，但涤纶比电阻较大，在加工过程中，会因纤维与纤维或纤维与机件间的密切接触与摩擦产生静电，静电严重时可高达数千伏，一旦有放电条件形成，就会因放电而产生火花导致起火。

电器装置、线路安装使用不当，产生电火花、电弧光或过热。电气设备或线路在运行过程中发生短路（因绝缘老化或损坏）、接触电阻过大、超负荷、电器装置通风散热不良或使用不当等情况，容易出现电火花、电弧或达到危险温度等，进而引发火灾。纺织车间要求恒温恒湿，这种环境易使电气设备受潮，绝缘降低。棉纺织企业普遍采用三班倒连续运转的生产方式，高温与工作时间长，设备连续运转，这些都不利于电气设备散热，易造成电气设备老化而发生短路。

纺织生产过程中飞花尘埃较多，如堆积在电器装置、照明灯具等电气设备上，易被电气火花引燃。如电器控制总屏、单机台开关箱等未及时做清洁工作，或电气设备未设防尘保护装置，电气元件上积聚飞花、尘埃，一旦遇电火花或电器元件过热的情况，易引燃周围飞花；电动机的维修保养清洁工作不到位，通风槽被粉尘、纤维堵塞或风叶损坏，不能起到散热作用，使线圈过热引发火灾。同时生产中较多地使用低压电源，易产生电火花。如自动纺纱机机台上虽然有安全电压（一般为36V）的导电轨道，但短路及接触不良的电火花仍然是火灾隐患。由于纺纱时操作不当，或是纺纱后未切断电源，而被其他导电体触及，造成短路打火，络纱机开关触头与导轨铁条间产生的火花过大，均能点燃附近因清洁不良积聚的飞花而起火。织布车间机台多，震动大，环境潮湿，常有电线外露和电源缺相现象。

设备运行速度快、机械间隙小、电器装置多，且清棉、梳棉两道工序还有大量的输棉、除尘、通风管道将各机台与除尘室紧密相连；机器设备老化、机械缺油、机械零件失调或有坚硬杂物混入，摩擦产生高热或碰击产生火星。如清棉工序，开棉和清棉使用的抓棉机、混棉机、开棉机、清棉机以及除尘等机械设备，打手速度一般在400－1000转／分之间，由于转速快、机械间隙小，如有铁丝、螺帽、碎石等坚硬杂物混入或机械零件失调、转动部件缺乏润滑等，都会因摩擦发热甚至碰击产生火星而起火；梳棉机转速高，隔距小，易因撞击而起火；并条、粗纱在牵伸过程中，由于纤维与纤维、纤维与机件之间相互接触和摩擦，加之纺织材料绝大多数都具有绝缘性能，特别是化学纤维的大量使用以及设备的高速化，因而在接触、摩擦中就易产生静电。化学纤维（尤其是合成纤维）绝缘电阻较高，所带静电易泄漏，因此易产生缠皮辊、缠罗拉现象，湿度大或含糖高的棉纤维也会产生缠皮辊、缠罗拉现象，或因机械设备断头自停装置失灵，造成卷罗拉、卷皮辊不能自停，时间越长，缠绕越多，它们之间的摩擦就不断加剧，传动阻力随之增大，温度升高，引起纤维或电动机起火；细纱的锭子转速快，一般在1500转／分以上，易摩擦发热；纺纱过程中棉纱易绕在槽筒轴上；织布机中心轴踏盘托架轴承、弯轴轴承和中心轴轴承等高速运转，部件缺油，易摩擦发热，点燃飞花。

（三）环境的不安全条件

1. 自然环境条件

如雷击引起的电气设备、电线短路或损坏，造成火灾；雨天或潮湿天气，雨水渗透进设备、线路，造成短路，产生火花或电弧放电，引发火灾；原料、成品仓库等未按规定安装避雷装置，易受雷击引起火灾。

2.生产车间的作业环境较为恶劣

棉纺织企业生产过程中噪声大、粉尘浓度高，且常伴有高温、高湿等不良作业环境因素。车间内人员高度密集，机器设备排列紧密，通道狭窄，采光照明、通风也不太理想，这些都会对消防安全管理工作产生一定的影响。如清棉、梳棉工序，粉尘浓度高，除会造成棉尘病等职业危害外，车间尘室悬浮在空气中的粉尘一旦达到爆炸浓度，遇火就会引爆。而在温湿度方面，有些工序在夏季温度高达38℃~39℃，过高的温度易诱发火灾。

二、典型火灾案

案例以一起纺织厂火灾的调查切入，初步总结了纺织厂火灾调查的方法、步骤，为此类案例调查提供参考。

（一）案例简介

YC县某纺织公司主要经营范围为纺布纺纱生产等。厂房区南北长约111.5米，东西宽约48米，厂房东侧建有车棚、办公室和仓库，西侧邻库建有维修间、仓库、配电室、滤尘间等，宽约6米。自南向北第一排为青花车间、第二排为梳棉并条和粗纱车间、第三排及第四排为细纱车间、第五排为自络车间和成品库，自络车间位于西侧，自络车间西南角有门与细纱车间相通，西侧紧邻维修间，有门相通，维修间上方为落纱车间排风道出口，出口上部分别为向外延伸的双层夹心彩钢板和单层铁皮彩钢板。厂房主体结构墙体为砖混结构，顶部钢梁支撑，中间起脊，屋顶为单层铁皮聚氨酯泡沫，下部车间内上部有吊顶，吊顶至屋顶之间有1米多的空间。

2020年10月3日20时51分许，YC县消防大队接到报警，该纺织公司发生火灾，火灾发生时，纺织女工正在作业，此次火灾造成纺织公司厂房及相关设备、纺织品烧毁。

厂房内设备动力配电均为配电室内三相供电输出，照明线路则为厂房外另一配电箱内输出，厂房内照明为霓虹灯管和U5D照明混编，线路为十几年前建厂时敷设，灯管坏掉后即更换为LED灯，厂房车间内进行雾化加湿。灯管线路在吊顶上部敷设，灯管贴吊顶布置。细纱车间有两个摄像头，一个位于细纱车间西北角的门口上方，摄录细纱车间南部区域，另一个摄像头位于细纱车间东墙上，透过隔墙可以摄录到细纱车间西北角附近区域。

（二）起火点的认定

起火部位位于厂房西北部，起火点位于厂房自南向北第五排自络车间西南角吊顶上部附近区域。主要依据如下：

1.视频监控

视频监控可以帮助火调人员快速锁定起火部位，提供关键的证据，纺织厂房内一般装有监控设施，故调查此类火灾可提取监控视频，并进行分析。根据厂房内自南向北第三、四排细纱车间过道东墙上方监控证实，在2020年10月3日20时46分许，监控内可见远端第四排细纱车间西北区域吊顶顶部先有烟气产生，然后有火星等杂物掉落，最后火从上部蹿出，迅速由上向下蔓延。根据厂房内自南向北第四排细纱车间西北角门口上方的监控可证实，在 2020 年 10 月 3 日 20 时 46 分许，监控内可见有烟气和火光从监控附近向外冒出。

2. 证人证言

第一现场的证人是早期火灾的目击者，可以帮助火调人员较为清楚地描述火灾的发生发展过程，进一步圈定起火部位和起火点。根据起火初期现场的纺织女工笔录证实，起火前她正在自络车间 7 号自络车附近干活，看到自络车间西侧房顶（屋内吊顶）北侧通风管道与窗户上方附近先有烟气产生，然后有火光映出。该女工使用灭火器救火，用完后推开门去细纱车间拿灭火器，抬头看时细纱车间西北角区域火已经起来。根据起火初期现场的另一名纺织女工笔录证实，她在细纱车间距离出火的位置约 20 米远，发现燃烧的泡沫板从上往下落，燃烧速度快，顺着墙顶蔓延。

3. 现场痕迹分析

现场痕迹是最客观的证据，它是火灾发生发展的结果，呈现给火调人员的是火灾的蔓延途径和方向，现场调查中既要看大痕迹，也要看火点周围的蔓延痕迹。

厂区整体过火烧损，西北部塌落烧损最为严重，呈现自南向北、自东向西烧损逐渐变重的痕迹。自南向北第四排细纱车间内全部过火烧损，钢梁弯曲变形严重，彩钢板局部塌落，吊顶全部烧失，日光灯管掉落至地面，沿墙敷设的线束绝缘烧损严重，纺纱设备过火烧损。细纱车间西墙附近墙皮脱落严重，木质门框的左侧炭化缺失重于右侧，右侧局部保留完整，西墙上的水泥黑板左侧局部保留，右侧缺失，整体呈现由细纱车间西北角向周围燃烧蔓延的痕迹。

自南向北第四排细纱车间与自南向北第五排自络车间的设备、门框整体均呈现上部烧损重于下部的痕迹，说明火是由上向下蔓延的。

自南向北第四排细纱车间西北角与自南向北第五排自络车间西南角的设备锈蚀变色程度、周围物体的烧损程度、墙皮脱落程度和附近线路的缺失程度均重于其他部位。

自南向北第五排自络车间整体过火烧损，顶部塌落严重，顶部钢梁变形弯曲，下部机器设备锈蚀变色严重，西南角配电箱附近烧损严重，电线绝缘缺失，上部通风管道局部烧损变色，吊顶烧失，顶部日光灯及连接线路全部掉落至地面，整体呈现由西南角向周围蔓延燃烧的痕迹。火调人员还在地面掉落的线路上发现了带有熔痕的多股铜导线。

（三）起火原因的认定

1. 排除人为放火的可能性

发现起火的时间为 20 时 46 分，纺织公司厂房内正在正常作业，起火车间内有大量纺织女工工作，其间并无发现有可疑人员出入及有实施放火的行为。视频监控可见起火前并无可疑人员出入。起火部位位于吊顶上部，不具备放火的客观条件。

2. 排除遗留火种引发火灾的可能性

车间内没有人员吸烟，且起火前没有发现烟头阴燃起火的现象，经现场勘验也没有发现有阴燃的燃烧痕迹特征。整体烧损痕迹是由上部向下部蔓延燃烧的。

3. 排除设备卡滞引发火灾的可能性

经调查，起火前 45 分钟自络车间的 1 号车有卡滞现象，但纺织女工刘某很快将绒线杂物取出后重新启动，并确认正常。经现场勘验确认，1 号车连接的排风管道位于维修间上侧，上部有两层彩钢板相隔，并距厂房顶部还有一定距离。

4. 存在起火部位上方照明线路故障引发火灾

起火点位于厂房自南向北第五排自络车间西南角吊顶上部附近区域，该区域只有照明线路在吊顶上部敷设。

灯管线路从建厂时敷设至今，线路连接存在绞接现象，并联灯管多。线路长期在潮湿的环境中使用，存在线路短路故障的可能。

对起火点处进行现场勘验，在厂房自南向北第五排自络车间西南角地面处提取了自吊顶附近掉落的带有熔痕的电气线路，并经实验室技术鉴定，其结果为"自络车间西南角出口处照明电线"的熔痕中有一次短路熔痕。

自络车间西南角照明线路短路后引燃吊顶上的可燃物，火灾早期在顶棚蔓延燃烧，细纱车间西北角与自络车间西南角一墙之隔，所以监控画面早期发现火势的时候为细纱车间的西北角，而女工第一发现起火的时候为自络车间西南角棚顶起火。在火羽流作用下，顶部聚氨酯泡沫迅速燃烧蔓延至整个纺织厂。通过以上分析，该纺织公司的火灾原因为厂房自南向北第五排自络车间西南角吊顶上部附近的照明线路发生短路故障，引燃周围可燃物起火，排除人为放火、遗留火种和设备卡滞引发火灾的可能。

（四）案例启示

视频监控中可见细纱车间西北角首先冒烟出火，而询问笔录中自落车间西南角附近的工人看到顶部吊顶处向外冒火。表面上火点看似不一致，但厂房结构可以很好地给出答案，厂房起火部位上方有简易吊顶，吊顶上方敷设照明线路，房顶处为单层铁皮夹芯彩钢板，细纱车间西北角与自络车间西南角下部为砖混墙相隔，但吊顶以上的部分是贯通区域，火灾初期火势沿吊顶上部蔓延迅速，高温烟气形成的火羽流蹿升至顶部，聚氨酯泡沫很快形成大面积的滴落火，蔓延至其他车间。

在火灾调查中，受厂房内可燃物分布的影响，加之顶部聚氨酯泡沫的燃烧，有时烧损严重的区域不一定是起火点，要排除可燃物分布对痕迹的干扰。

纺织厂内由于工作流程需要，厂房内空气湿度较高，且 24 小时连续工作，厂内的机器设备、照明等连接的电气线路有时长年缺乏检修维护，因此使电气故障发生率较高，一旦周围存在可燃物，就会引发火灾。

由于纺织厂平时管理不严格，消防安全防护意识不强，导致棉包等可燃物品堆放比较随意，在不易通风、高温高湿的车间内存在一定的自燃危险性，故纺织厂内的火灾调查中，对于棉包自燃需要予以排除，如询问堆放棉包内是否有棉籽，是否具备自燃的条件，检查现场是否存在阴燃的痕迹，以及火灾早期的现象是否符合自燃特征。

纺织厂车间内全是易燃品，遇到明火很快就会被引燃。在纺织厂火灾中，排查外来火源是重要的环节，首先调查在起火前的一段时间内，纺织厂的效益以及保险情况有无异常，起火前车间内有无吸烟现象发生，只有把外来火源排除才能进一步开展关于电气、设备等方面的调查。

由于纺织厂的特殊工艺，车间内设备运行速度快、机械间隙小、电器装置多，且清棉、梳棉两道工序还有大量的输棉、除尘、通风管道将各机台与滤尘间尘室紧密相连，以及机器设备老化、机械缺油、机械零件失调或有坚硬杂物混入，摩擦产生高热或碰击产生火星，均可以引燃周围的棉絮等可燃物，酿成火灾。

纺织厂如有爆炸发生，则重点对车间通风除尘系统进行排查，如滤尘设施风道风口附近是否存在铁钉、螺帽等杂质吸入风道产生撞击火花的可能。滤尘设施和滤尘间内飞絮、尘埃是否存在大量堆积现象，爆炸的起爆点是否与现场痕迹吻合。

第三节　化工生产企业火灾爆炸事故

化工企业存在原料多变，生产条件变化大；工艺复杂，操作控制点多，而且相互影响；设备种类多，数量大，开停车频繁，检修量大；自动化程度低、安全联锁装置不齐；相当数量的工人、企业负责人文化水平低，安全技术素质低，安全意识不强，防范事故能力不高；执行操作规程、检修规程的严肃性较差等问题。一些重点要害岗位和主要设备的重复事故相当多，如锅炉缺水爆炸事故，煤气发生炉夹套和汽包憋压爆炸事故，变换饱和热水塔爆炸事故，合成塔内件破坏及氨水槽爆炸事故等。这些重复事故发生的重要原因之一，就是事故案例教育培训效果差，如对上级的事故通报传达、研究、重视不够，或在安全作业证考核方面缺少必要内容。导致企业不能吸取事故教训，提高警惕，采取措施，使这些年来危险性较大的事故一出再出。化工企业火灾爆炸事故有造成一套装置破坏的，有造成全厂生产装置破坏的，因单台设备损坏或关键设备损坏而造成停产损失的更多，这些严重后果中还包括一些职工付出的生命代价。事故发生后，不仅厂里恢复生产需要加倍紧张工作，而且给社会增加了不安定因素。火灾爆炸事故的恶性后果，使化工企业的安全状况始终处于被动状态。因此，必须对火灾爆炸事故的原因加以研究，以防事故的发生。

一、火灾爆炸事故的原因

（一）可燃气体泄漏

由于可燃气体外泄容易与空气形成爆炸性混合气体，因此，可燃气体的泄漏就容易造成火灾爆炸事故。可燃性气体泄漏有以下几种情况：

设备的动静密封处泄漏；

设备管道腐蚀泄漏；

水封因断水、未加水跑气泄漏；

设备管道阀门缺陷或断裂造成泄漏。

这类事故大致是由生产设备管理混乱，密封材料材质或检修不合要求，操作维护不当，在检修中未泄压却加外力，操作中巡回检查开、停车不按操作规程进行等因素引起的，因此，必须按原化工部规定的检修操作规程、无泄漏工厂的标准以及设备动力管理条例等有关规定加以管理。对已出现的泄漏，及时发现、及时消除，暂不能消除的要有预防措施，避免扩大或发生灾害事故。

（二）系统负压，空气与可燃气体混合

造成可燃性混合气体情况有以下几种：

系统停车，停车后随温度下降造成负压、吸入空气；

系统停水，停水后水封水因泄漏失去作用而导致空气吸入；

操作失误，联系不当，报警联锁装置不全或失灵，造成气体抽送不平衡而至负压，由敞口或泄漏处吸入空气；

气体入口管线被杂物、结晶体或水堵塞，造成抽负压，由敞口或泄漏处吸入空气；

用空气作试压、试漏，系统可燃物未清除干净、未加盲板，造成可燃气体与空气混合。

这类事故大部分发生在气体输送岗位或与气体压缩有关的岗位，当其发生在加压过程中时更加危险，因为在爆炸性混合气体中，一方面氧含量在增加，另一方面在加压后，爆炸极限范围扩大，更容易发生事故。

（三）系统生产时氧含量超标

氧含量超标可能在许多部位出现，但究其原因集中在造气岗位，通常由操作失误、设备缺陷、人员违章、断油断气或安全报警装置失灵所造成。氧含量超标可能超出造气岗位范围而在脱硫、变换、压缩等部位发生，应当引起特别重视。

（四）系统串气。

系统串气有 2 种情况：

高压串低压，形成超压爆炸；

空气与可燃性气体互串形成化学性爆炸。

前一种情况大部分是由操作失误及低压无安全附件或附件失灵造成。如合成高压串低压液氨槽爆炸，合成高压串低压再生系统爆炸等等。后一种情况大部分是由盲板抽堵错误，用阀门代替盲板或误操作造成。如某设备动火，内为空气，因系统采用盲板隔离，可燃气体由阀门漏入或有人误操作打开关着的阀门，使可燃气体进入正在动火的设备，与空气混合形成爆炸性混合气体，进而发生爆炸。

（五）违章动火

违章动火有以下几点：

未申请动火证又无动火安全知识，私自动火；

虽申请动火证但未置换彻底或取样方法不对，分析结果错误；

动火安全措施考虑不周；

动火现场安全条件未周密查看；

动火系统与其他系统未彻底隔绝；

动火作业证私自变更安全措施或更改动火时间；

不置换动火或未维持正压动火。

这类事故是化工火灾爆炸事故的重点。由于动火作业技术性极强，管理要求较高，因此安

技部门应切实控制好，以防事故的发生。

二、火灾爆炸事故的预防措施

尽管化工企业火灾爆炸事故很多，有了不少经验教训，对容易发生事故的部位也比较清楚，但生产过程中造成燃烧和爆炸的因素很多，涉及面也较广，特别是引起燃烧和爆炸的火源有的不易搞清楚，因此，火灾爆炸事故的预防是一项细致复杂的工作。防火防爆的着眼点应当在限制和消除可燃物质、助燃物质和着火源的控制上，企业应千方百计地避免三者同时处于相互作用的状态。同时还要求我们在技术和管理上要集中采取严密可靠的措施，以控制事故状态的扩大。

（一）控制消除危险性因素

一是合理设计：在化工企业中，搞技术改造，结合大修进行小改革的机会较多，在设计变更过程中，要采用先进的工艺技术和技术水平高、可靠性强的防火防爆措施，采用安全的工艺指标和合理的配管。

二是正确操作：严格控制工艺指标。化工企业安全生产技术规程是多年来安全生产的经验总结，只要严格按照规程进行作业，严格控制工艺指标。一旦在规程规定的范围内超过指标界限，立即采取有效措施加以扭转，而不是勉强维持，就能达到预想的安全结果。具体来说，有4个方面：

按照规定的开停车步骤进行检查和开停车；

控制好升降温、升降压速率；

控制好正常操作温度、压力、液位、成分、投料量、投料顺序、投料速度和排料量、排料速度等；

按照规定的时间、指定的路线进行巡回检查。

三是严格按照"四十一条禁令"和"安全卫生管理工作规定"办事：原化工部颁发的"四十一条禁令"中关于防止违章动火的"六大禁令"是为总结防止违章动火的教训制定的，因此，必须严格遵守；"安全卫生管理工作规定"是安全管理工作的标准，也必须努力遵守。

四是加强设备管理：火灾事故发生的一个重要原因是生产装置缺陷。设备状况好，运行周期长，检修量小，事故隐患少，火灾爆炸发生率就低，凡是设备管理好的单位，安全生产的条件也好。搞好设备管理的手段有：

贯彻计划检修，提高检修质量，实行双包制度；

加强压力容器的管理，强化监察和检测工作；

对于超期服役的设备或不符合现行法规规定的设备，一方面加强对它们的检测和监察，另一方面要有计划地逐步更新换代；

设备的安全附件和安全装置要完整、灵敏、可靠、安全好用，同时，要注意用比较先进的、可靠性好的逐步取代老式的；

推广检测工具的使用，逐步把对设备检查的方法从看、听、摸上升为用状态监测器进行，使之从经验检查变为直观化、数据化检查。

五是提高自动化程度和使用安全保护装置的程度：随着化工企业的发展，不仅安全需要提高自动化程度，从节能降耗提高质量，提高劳动生产率，进而提高经济效益方面都需要提高自动化程度。因为自动化程度的提高，避免了超温、超压、超负荷运行，从而保证生产装置达到稳定、长周期运行，避免了事故的发生。多采用连锁保护装置，可以提高系统的安全性，一旦处理不正常情况，有了连锁保护自动切断或动作，不仅可以防止事故的发生，而且也遏制了事故的蔓延。当然，在使用安全联锁保护装置时，首先应加强维护保养，定期检查，保证灵敏可靠，同时，不应降低对安全工作的责任心，不能因有了连锁装置而麻痹大意，特别应重点保护危险性大的部件。

六是加强火源的管理：火灾爆炸事故的发生，一个很重要的原因是缺少对火源的管理，化工企业的火源一般有以下几种：

明火：主要是化工生产过程中的加热用火和维修用火；

摩擦与撞击；

电气火花和静电火花；

其它火源：指高温表面可产生自燃的物质、烟头、机动车辆、排气管等。

加强上述四种火源的管理是避免火灾事故的基本措施

七是加强危险品的管理：火灾爆炸危险品有以下几种——爆炸性物品，氧化剂，可燃和助燃气体，可燃、助燃液体，易燃固体，自燃物品和遇水燃烧物品。企业应根据各类危险物品的性质，按规定分门别类贮存保管。在贮存保管中必须把好"三关"，即入库验收关，在库贮存关，出库复验关。加强对危险物品保管期内的安全，特别要注意的是：

严禁将明火、火种带入库内，严格动火制度；

消除电气火花及静电放电的可能，库房用电必须按规定采取有效安全措施；

库房人员必须穿不带铁钉的鞋或库房采用不发生火花的地面；

在搬运过程中要严格防止撞击、摩擦、翻滚。

（二）防爆泄压措施

常用的防爆泄压装置有安全阀、防爆膜、防爆门、放空阀、排污阀等，主要是防止物理性超压爆炸。安全阀应定期校验，选用安全阀时要注意它的使用压力和泄压速度。防爆膜和防爆门的作用，主要是避免发生化学爆炸时产生高压，防爆膜和防爆门选用时应经过计算并选择合理的部件。放空阀和排污阀是在紧急情况下作为卸压手段而使用，但需要人操作，因此，一定要保证灵活好用。

（三）防止火灾蔓延的措施

防止火灾蔓延是防止火灾爆炸事故发生的一项重要措施，常用的阻火设施有：切断阀、止逆阀、安全水封、水封井、阻火器、挡火墙等。当火灾发生时这些设施的作用是防止火焰的蔓延。如压缩机与各工段之间的切断阀、止逆阀、气柜或乙炔发生器的安全水封，甲醇放空管的阻火器，电缆间的挡火墙。对这些设施，应当利用计划小修对其进行清理、检查、维护、保养，以保证安全生产，另一方面，在建筑上应采用防火墙、防火门、防火堤、防火带以及合理的间距，采取耐火等级厂房等措施。

三、工艺火灾的扑救

化工企业火灾扑救是一项比较复杂的灭火工作，由于化工企业所固有的易燃、易爆、高温、高压、易中毒的特点，如果灭火扑救方法不正确，非但不能迅速顺利地扑灭火灾，还会导致爆炸、中毒甚至重大伤亡。工艺火灾的扑救应根据不同着火情况采取不同措施：

（一）可燃气体着火

应立即切断气源，如果气源是压力容器或压力管道，应在与火场切断后设法卸掉压力；如果气源是高温设备或高温管道，应立即喷水冷却；如果气源是压缩机，应立即切断电源并设法卸掉压力；如果火势不大，管口可用湿麻袋、石棉布扑压或使用二氧化碳、干粉灭火器。在扑救过程中应特别注意的是：

在卸压排空时注意风向，防止放空、排污等增加火场可燃气体的量，导致火焰蔓延；

防止有压力的可燃气体燃烧不完全与空气混合，形成混合物爆炸。

（二）可燃液体着火

初起时可使用泡沫、干粉等灭火器，有时用湿麻袋、石棉布、黄沙效果亦比较理想，如果火势较大，可使用蒸汽，如果液体比重比水小，切忌用水，以防火势蔓延。可燃液体贮罐着火，应一方面用泡沫、干粉等控制火势，另一方面用水冷却罐体，要及时切断贮罐物料的来路和去路。如果贮罐内的可燃液体有毒，应在上风方向扑救。有条件的应佩戴防毒面罩和氧气呼吸器，避免救火时造成人员中毒。

（三）电气设备、线路着火

首先，要及时切断着火处的供电电源，同时使用干粉灭火器灭火。

（四）库房着火

应使用干粉灭火器控制火势，积极组织人力搬走易燃物品。如果库房物质遇水不会受损或燃烧，可以用水灭火。在火势不大时，严禁打开门窗，以免扩大火势。

工艺火灾的扑救关键在于初始阶段的灭火。因此，及时发现、及时正确扑救十分重要，当消防队赶到现场，厂方应维护火场秩序，听从消防队的指挥，积极配合尽快灭火。

第四节　仓库火灾爆炸事故分析

物流仓库是具有物品储存、保管、分拣、装卸等功能的场所，多以钢结构或钢筋混凝土结构高架仓库为主，一般体积较大、货架连续、堆放货物种类多。实践中该类仓库存在违规设置办公区域，增加用电设施，甚至混合存放锂电池类货物等现象，增加了致灾因素。

一、物流仓库结构

物流仓库一般由多层货架、堆垛机系统、输送机系统、穿梭车系统、自动分拣系统、自动引导车和计算机控制系统等组成，实现自动化、智能化管理。

二、常见火灾原因

物流仓库常见火灾原因有电气线路故障、设备故障、明火作业、遗留火种、混合储存、货物自燃六大类。

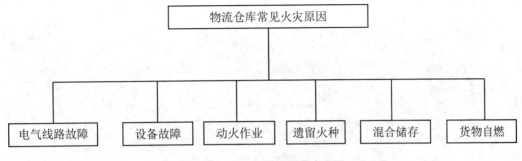

图 9-1　物流仓库常见火灾原因

三、询问要点

物流仓库结构、运行模式及后台数据信息；

货物存放的时间、种类、数量、特性、堆放形式和位置分布等，是否涉及危化品货物和夹带电池情况；

装卸机械和车辆的搬运作业、充电、停放情况；

货物包装破损、泄漏及处理情况；

设施设备维修及动火作业情况；

电气线路布设情况；

用电设备的位置、型号、是否通电及使用状态；

起火前相关人员的活动线路、活动时间、具体操作等情况；

火灾时的风力、风向及变化情况。

四、勘验要点

利用无人机设备航拍，观察仓库屋面变色轻重、倒塌范围和方向以及周围过火情况；

按程序提取、分析监控视频和火灾自动报警系统记录，结合建筑构件烟熏程度、剥落范围、变色变形轻重、倾倒方向等烧损情况和商品的受热面特征查明火灾蔓延方向或起火部位（点）；

注意发现以烟熏、炭化、变色、剥落等形式表现的燃烧图痕，查明其与周围燃烧特征的相互关系，分析痕迹是否形成完整体系；

查找引火源证据，分析使用状态，判明是否具备引燃附近可燃物能力；

利用物流后台数据系统查询起火部位所储存货物的种类、数量及理化特性。

五、起火原因分析认定及特征痕迹

（一）利用钢结构特征痕迹认定起火部位（点）

钢结构耐火极限较低，在高温作用下强度下降较快，易发生扭曲变形，甚至倒塌，牵拉附近的构件向一侧或中心部位倾倒。勘验中应观察钢结构倾倒的方向规律，据此认定起火部位（点），下图9-2所示倾倒方向为起火部位。在高温作用下，屋面、墙面油漆燃烧，彩钢板氧化加速，整体上呈现灰白色－锈色－黑色或蓝黑色的颜色变化梯次，黑色或蓝黑色处一般受热时间较长、温度较高，为起火部位（点）位置，下图9-3所示为彩钢板的颜色变化梯次。

图9-2　倾倒方向为起火部位

图9-3　彩钢板的颜色变化梯次

对于严重烧毁、需要进行复原勘验的现场，拆解前应对主要构件及物品逐一编号，防止重要痕迹、物证移位，避免影响分析认定结论。

（二）起火原因分析认定

电气线路故障引发火灾。物流仓库内主要有照明系统、通信系统、视频监控系统、电动机械等设施，因长时间连续运行，检修不到位，易发生电气线路故障起火，认定要点有：

物流仓库自动化程度高，视频监控设备比较完备，调查时利用视频分析可以快速确定起火部位；

确定火灾前起火部位是否通电，查看起火部位电器设施运行情况；

查看起火部位电气线路及设备有无短路、接触不良、电压击穿、熔珠喷溅等痕迹，选取负荷侧线路故障点提取送检。

监控设备引发火灾。根据型号不同，监控设备需要220V交流电或12V直流电供电，其自身线路发生故障易引发火灾，认定要点有：

根据火灾自动报警系统记录的报警顺序和最先到场的人员询问情况，确定起火部位；

视频监控系统的电气线路从起火部位上方穿过，起火前监控画面可能出现异常；

排除放火、吸烟、自燃等因素，排除仓库屋顶机械排烟风机供电线路和仓库内照明线路故障。

查验视频监控系统信号传输设备箱的燃烧痕迹，有无故障点。

动火作业引发火灾。物流仓库多为钢结构，日常维修需要进行切割、焊接、铺设防水层等动火作业。现场防火措施不到位，高温焊渣易引燃附近可燃物引发火灾，认定要点有：

作业点与起火部位相对应，如图9-4所示。

图9-4　作业点与起火部位相对应

作业现场施工设备工具要及时寻找、固定、提取，如图9-5所示。

图 9-5　作业现场施工设备工具要及时寻找、固定、提取

扑救初期火灾使用的灭火器所在位置和灭火剂附着部位可辅助判定起火部位。

自带电源的货物故障引发火灾。部分货物含有锂电池，如电动剃须刀、手机、充电宝、自拍杆等，储存时易因内部故障引发火灾，认定要点有：

分析监控视频，确定起火部位、燃烧过程，调阅物流后台信息系统，确定起火区域内货物信息图为监控显示的起火部位；

根据起火建筑火灾自动报警系统报警记录确定烟气流动方向；

结合地面燃烧图痕、货架变形痕迹、仓库顶部烧穿痕迹和鉴定意见，综合分析确定火灾蔓延方向和起火部位；

勘验起火部位货物燃烧残留物，查找故障痕迹。

（三）注意事项

此类建筑要注意区分屋顶结构、材料形式和燃烧性能，注意火灾蔓延对现场痕迹的影响，结合火灾荷载和燃烧特性综合分析，不能轻易将燃烧痕迹最重的部位判定为起火部位。

物流仓库一般会投保商业险种，可利用保险公司的价格评估结论统计火灾损失。

由于物流仓库火灾荷载较大，燃烧猛烈，加之风力、风向的影响，极易造成临近符合防火间距要求的建筑起火，规范修订中应对此问题加以考虑。

顶棚、墙面抹灰内部的独立性烟熏痕迹对于认定起火部位（点）往往具有指导意义，应注意予以发现、识别和分析。

第五节 烟花爆竹火灾爆炸事故分析

一、烟花燃烧的特点

烟花药剂主要由氧化剂、可燃剂、黏合剂以及使火焰着色的物质组成，容易引起燃烧和爆炸的主要成分是过氧化物、硝酸盐等氧化剂和铝、镁等金属粉末，铝粉和镁粉燃烧时温度达3000℃，发出耀眼的白光，烟花弹落到易燃物品上，可瞬间引发火灾。根据烟花引发的火灾的现场视频显示，烟花弹落到纸壳、布艺等易燃物品上，1min即可观测到明显的火焰，烟花弹落到易燃物品上，基本能引发明火。烟花由于在燃放时摆放不牢靠或角度不正确，发出的烟花弹难以控制，常常超出燃放者预计，喷射到可燃物上。高温的烟花弹瞬间引发火灾，因室外空气充足，火势快速发展，可轻易烧毁附近停放的车辆、装置，有时火势会突破建筑外窗蔓延至室内，造成财产损失和人员伤亡。

二、提取视频监控要点

监控录像实质是存储在电子介质上的视频信号，这些数据容易被破坏且不易被察觉，所以要用合理的方法和技术对其进行提取。为了保存图像数据的完整性，要分析监控设备存储数据的方式，并使用单硬盘只读工具对该设备进行读取，这样不能改写原摄像机的写入数据。监控录像实时记录时间，但不一定与北京时间相一致，提取视频时，要认真比对监控设备与实际时间差，做好记录，按照北京时间研究鉴定视频。发生火灾后，消防救援机构要按照应急管理部、公安部印发的《消防救援机构与公安机关火灾调查协作规定》同公安机关密切配合，对住宅小区监控、公共治安监控探头的启用情况、位置、高度、角度逐一进行确定，绘制平面图，并组织人员对视听资料电子数据复制转存。除此之外，要立即组织人员广泛开展走访调查，查找有可能使用手机等设备摄录的证人（例如一起燃放烟花引发火灾的重要视频为遛狗邻居摄录），或者附近未熄火的车辆行车记录仪等，根据现场实际，排查每一个可能摄录影像的设备。

三、现场勘验要点

因烟花温度高，引燃物品时间短，具备明火燃烧特征，基本无烟熏痕迹。在勘验中，可重点比对金属变色程度、落漆程度、瓷砖等不燃物烧损脱落情况以及残留可燃物烧损程度，确定多个受热面，进一步确定起火部位。图9-6～9-9为日间燃放烟花引发火灾的视频截图及勘验情况。

图 9-6　肇事者燃放烟花后，烟花因后坐力倾倒，烟花弹向右侧横向喷射

图 9-7　两枚烟花弹击中车后，反弹至可燃物堆，引发火灾

图 9-8　勘验金属件油漆脱落、变色，以及可燃物残留情况

图 9-9　金属柱外漆为乳白色，底漆为红色，金属本色为亮黑色

图 9-10~9-13 为夜间燃放烟花引发火灾的视频截图及勘验情况。

图 9-10　一家人夜间燃放烟花

图 9-11　烟花将杂物引燃后将小汽车烧毁

灯杆和树中间
下方为起火点

图 9-12　灯杆及树中间堆放可燃物被烟花引燃

供电部门火灾后
固定

起火点

图 9-13　火灾后的一些痕迹

四、肇事者的确定

某些现场虽然是在视频监控的盲区之内，调查人员可以通过研究现场周边环境，确定行走的必经之路，在必经之路上确定其前后两个监控点，实际行走并记录所需时间，重点查看比对嫌疑人通过此段特定距离所花费的时间是否符合常理，研究滞留现场的时间差。肇事者因担心燃放烟花承担责任，看见起火比旁人更紧张，有可能会报警，因火势蔓延先后顺序，他报警的时候尚未造成更多的财物损失，可调取报警录音，结合现场情况分析报警人到达现场时间，分析现场情况；肇事者也有可能灭火救人过于积极，奋力扑救火灾，挨家挨户疏散人员，以至于造成衣物烧损，身体烧伤；其也有可能滞留在调查现场，故意在现场提供线索，打听案情。有此类行为的人员均应被列为重点调查对象。经过证人（如物业保洁人员、邻居）指证，基本确定嫌疑人，之后要扩大调查时间段，对燃放烟花的肇事者和嫌疑人是不是同一人进行比对，内容包括人物的穿着、相貌、体态等特征。注意衣物、帽子的颜色、衣物有无小标志，反光标记，对嫌疑人走路的步态、大致的身高、身体的比例对比研究，对其相遇并交谈的人一并进行调查，形成证据链，最终确定嫌疑人为火灾肇事者。

五、预防烟花燃放引发火灾

消防救援部门在节日期间，可以通过抖音、微信公众号等新媒体，告诫群众烟花的火灾危险性，科普正确燃放烟花的方法。监管部门可事先根据测量和实际情况将文物古建、可燃物露天堆场、重要公共建筑等单位划定为禁放区，禁止人员在此范围内燃放烟花，并在居民小区公共活动区域，科学划定燃放区域，在燃放区内，清除所有易燃可燃物品，禁止停放各类车辆，提醒居民把门窗关好，防止烟花弹飞入室内引起火灾。物业服务企业要督促居民清理在阳台、窗台、露台或室外院子内堆放的纸壳等易燃物品，预防烟花引燃易燃物造成火灾。地方政府可对烟花弹喷射的高度和范围进行限定，不允许威力大、射程远的烟花销售，居民只燃放危险性小的烟花，大型烟花由政府定点、定时集中燃放，既让民众欣赏了烟花的美丽，也使烟花爆竹的燃放趋于统一，大大降低随时、随地燃放的危险性。

第十章　火灾调查面临的法律问题

第一节　火灾损失统计的法律地位和法律文书

火灾损失统计是公安机关消防机构的一项法定职责，在对火灾事故进行调查时，它是非常重要的组成部分。火灾损失统计工作的内容一般包括以下四个部分：关于火灾损失的调查、分析、统计资料以及统计监督。所得结论对于确定火灾等级，保护当事人合法权益以及分析火灾形势、指导消防工作开展都具有重要意义。

一、火灾损失统计的概念

火灾损失统计，指的是根据一定的科学方法与国家的相关法律对火灾事故进行分析、核算以及汇总。

二、火灾损失统计的目的和作用

火灾损失统计对于公安消防机构来说意义是重大的，这不但有利于他们把握当前的火灾形势，同时也有利于消防安全工作的顺利开展。具体表现在以下两个方面：

一是能给火灾防治工作提供科学准确的统计数据。火灾统计数据的作用是能体现火灾的当前状态，有利于掌握火灾的动态规律，为消防机构和科研部门提供基本信息，从而有利于修订关于消防技术的法律法规。

二是消防执法与管理的必然要求。针对某一具体的火灾事故调查工作中，火灾损失统计的结论直接不但决定着火灾性质判定，同时也影响着火灾等级的划分，便于刑事、行政等工作的顺利开展。

三、火灾损失统计的法律依据

《中华人民共和国消防法》（以下简称《消防法》）第五十一条规定："消防救援机构，有权根据需要封闭火灾现场，负责调查火灾原因，统计火灾损失。"

公安部121号令《火灾事故调查规定》（以下简称《121号令》）第三条指出，火灾事故调查的任务是调查火灾原因，统计火灾损失，依法对火灾事故作出处理，总结火灾教训。

从《消防法》和《121号令》来看，统计火灾损失是消防部门的法定职责，这个职责不能因人员少、当事人不配合等而规避或者减弱。虽然从社会经济的发展长远看，消防机构只进行原因认定，不进行损失统计或者说不在认定书上进行统计是大势所趋，火灾损失统计应交由更专业的社会服务机构实施，但在目前相关法律规定未作出相应修改前，这个职责必须认真履行。

四、当前司法实践中损失统计的法律关系

从当前的司法实践看，消防部门及时、如实、准确地统计火灾损失能极大预防社会矛盾、促进火灾事故的后续处理。虽然当事人不能对火灾损失统计提起复核，但是如果火灾损失统计偏离实际较大，会严重影响火灾事故认定书的权威性和说服力，不能以理服人。上级部门在发现这种问题也应该及时提醒下级消防机构，进行内部纠错。

价格鉴证机构出具的认证报告和火灾直接财产损失统计的关系。价格鉴证机构依据资质的不同，主要开展对各类物品的市场价、修复价及维修成本等的货币化认证，这些认证不能照搬照抄，而应该参考烧损率、折旧年限等进行二次修正才能作为火灾直接财产的统计依据。比如，价格鉴证机构对金银器等的认定是按发票或者市场价进行认证，而火灾统计只计算加工费。总体而言，火灾损失统计是对烧毁财物的价值统计。火灾直接财产损失更多的是统计社会财富的损失，而价格鉴证机构出具的认证报告是当事人财产的损失，二者的外延和内涵有很大区别。

司法活动中损失数额和火灾直接财产损失统计的关系。很明显，司法部门认定的损失范围远远大于消防部门的火灾直接财产损失统计，前者包括各类间接损失误工费、营业损失等，而司法活动中参考的损失依据包括当事人主张、价格认证机构的报告、消防部门的损失统计等，三者的关系应该是依次为依据，即价格认证—火灾损失统计—司法部门确认数额。

火灾经济损失统计和火灾直接财产损失统计的关系。前者更多的是社会面宏观意义的掌握，强调的是数据的采集对评估某一地区或者某一时段内火灾造成社会经济损失的影响，是一种内部掌握和统计，其中包括估计的伤亡处置费用、灭火剂消耗费用等，包括社会面财富的转移，而后者是当事人的直接财产损失，其范围较小，不包括社会面财富的转移。

从实际情况看，有的价格认证部门并不接受当事人个人提出的价格认证，特别是在经济欠发达地区，社会中介服务机构较少的情况下，关于涉案的物价认定价格认证部门只接受公检法等法定机关的鉴定申请，很容易造成消防部门不统计、价格部门不受理、当事人无法提供有效票据等，形成司法死结。当事人求告无门，造成社会不稳定因素。有的基层消防机构以当事人在 7 日内未向消防机构申报损失而不进行统计，是完全不对的。《121 号令》第二十八条中提出，公安机关消防机构应当根据受损单位和个人的申报、依法设立的价格鉴证机构出具的火灾直接财产损失鉴定意见以及调查核实情况，根据有关规定，对火灾直接经济损失和人员伤亡情况进行如实统计。即使当事人没有申报，消防机构也要根据调查核实情况进行统计。当事人申报并不是进行统计的必要条件，而消防机构在没有当事人申报和有效票据的情况下，必须严格按照《火灾损失统计方法》进行统计并在《火灾事故认定书》上载明。

公安部《火灾原因认定规则》和《121 号令》并没有明确说明火灾直接财产损失应在《火灾事故认定书》中载明，但公安部消防局最新版的《火灾事故认定书》范本已经有明确的示范，因此，火灾事故认定书的法定格式应包含火灾直接财产损失统计。在火灾调查的实践中，一起火灾从发生到认定并进入司法途径，短则数月，长则一年以上，如果不及时进行直接财产损失的统计，随着火灾现场的改变，残骸会逐渐灭失，即使司法机关指定了其他机构进行损失

认证，也会造成当事人损失不能如实统计，从以人为本的角度讲，也必须及时进行统计。如果现场被彻底破坏，消防机构的火灾损失统计资料就会成为重要的，甚至唯一的司法依据。

火灾刑事案件中直接经济损失和火灾直接财产损失的关系。按照刑法的相关规定，前者主要是指造成公共财产或者他人财产直接经济损失，指向性很明确，当事人自己的财产不作为其中的统计项目，而后者包括当事人的财产损失。在司法实践中，司法机关会指定专门机构进行经济损失统计，而消防部门的财产损失统计一般不作为直接立案和量刑的依据，这也是部分基层消防人员把刑事立案依据和民事赔偿标准混淆，造成理解偏差的原因。

价格鉴证机构和其他价格认定、评估机构的关系。前者是具有司法部门承认的价格鉴证机构，其资质主要由发改部门（以前由计划部门）颁发，按其类型具有涉及刑事案件财物鉴证的资质，后者包括其他各类评估、中介机构，一般不具有涉案财物鉴证资质，在民事诉讼中可以作为诉讼标的的认定。在火灾损失统计中，如果可能涉及刑事案件办理，应立即聘请价格鉴证机构进行损失核定，并以此为立案移送的标准。

第二节　相关的法律问题

一、火灾直接财产损失司法鉴定存在的问题

（一）缺乏相应的法律

《全国人民代表大会常委会关于司法鉴定管理问题的决定》将鉴定项目类别分为法医类鉴定、物证类鉴定、声像资料鉴定三大类，还包括根据诉讼需要由国务院司法行政部门商最高人民法院、最高人民检察院确定的其他应当对鉴定人和鉴定机构实行登记管理的鉴定事项。通过调查研究发现，有关火灾直接财产损失司法鉴定并不能准确归属到"三大类"与其他之中。司法鉴定技术规范是开展司法鉴定活动的技术依据，是司法实务部门进行司法鉴定质量的重要决定因素。通过对司法部编写 2016 年版《司法鉴定技术规范》的研究发现，司法部通过研制或推荐颁布了 74 项司法鉴定技术规范，初步满足了司法鉴定活动的需要，但并没有针对近年来需求不断增加的火灾直接财产损失司法鉴定研制或推荐相关标准。在目前进行的火灾直接财产损失司法鉴定实践活动中，主要的技术标准依据是公安部 2014 年发布的《火灾损失统计方法》（GA 185—2014），该标准替代了《火灾直接财产损失统计方法》（GA 185—1998）。作为公共安全行业标准，该标准是从公安消防部门火灾损失统计的角度出发而编制，在标准中并没有涉及司法鉴定的内容。因此，没有专门的火灾直接财产损失的司法鉴定技术规范是制约火灾直接财产损失司法鉴定发展的重要因素之一。

（二）鉴定人执业资格不统一

通过对各省《国家司法鉴定人和司法鉴定机构名册》的调查，发现目前各个省对火灾直接财产损失司法鉴定的执业类别并没有明确的规定。云南省较为明确地将火灾直接财产损失司法鉴定归类到消防类别中，并且在鉴定人执业类别中规定了火灾损失核定评估类别，具有该执业

资格的鉴定人可以进行火灾直接财产损失司法鉴定活动。在其他大多数地区并没有有关火灾损失的执业类别，遇到火灾直接财产损失鉴定的案件多是委托资产评估机构或价格鉴定机构实施鉴定。

（三）鉴定人员消防、法律知识欠缺

火灾直接财产损失司法鉴定是一项涉及统计学、痕迹学、建筑学、经济学等多个学科的综合性工作。在鉴定活动中不仅需要鉴定人具备专门的知识和技术，也需要鉴定人具备一定的消防知识和法律知识才能更好地做好鉴定工作。根据我国目前火灾直接财产损失司法鉴定的情况来看，虽然鉴定人具备丰富的专业知识、技术及经验，但绝大多数的鉴定人在刚接触火灾直接财产损失司法鉴定时是没有相关的火灾统计经验和法律知识的。这方面知识、能力的欠缺在很大程度上会影响鉴定人在鉴定活动中的判断，最终对鉴定结论的科学性、准确性产生影响。

（四）鉴定收费不规范

国家发展改革委、司法部制定的《司法鉴定收费管理办法》是现行指导司法鉴定收费的主要办法。其主要对"三大类"司法鉴定的收费进行了基本明确的价格指导。北京、江苏、贵州等16个省市也相继出台了地方的收费管理办法和收费标准，但都是依据各自实际状况对《司法鉴定收费管理办法》作出相应调整，也没有说明火灾直接财产损失司法鉴定如何收取鉴定费用。此外，根据消防救援局的统计来看，绝大多数的火灾造成的损失小、无伤亡。在鉴定此类火灾直接财产损失时，往往会出现鉴定的收费比鉴定结果高的现象，使得委托人和鉴定机构矛盾重重。因此，如何制定火灾直接财产损失司法鉴定的收费标准仍是目前面临的一大难题。

二、火灾事故索赔案件常见法律问题

火灾事故认定就是公安消防部门在火灾发生后，及时开展调查走访、现场勘验、技术鉴定等工作，查清火灾起火原因并进行认定的工作。火灾事故认定是火灾事故调查的核心部分和关键环节，对于查清事实真相、追究火灾责任和促进消防工作具有重要意义。

（一）什么是《火灾事故认定书》

《消防法》第51条第3款规定，消防救援机构根据火灾现场勘验、调查情况和有关的检验、鉴定意见，及时制作火灾事故认定书，作为处理火灾事故的证据。由此可知，消防救援机构进行火灾事故认定是火灾事故调查处理的一个重要环节，而《火灾事故认定书》是处理火灾事故的证据。

公安部制定的《火灾事故调查规定》对《火灾事故认定书》的制作机关、主要内容、主要作用、当事人复核权等问题作出了更为具体的规定：《火灾事故认定书》的制作机关是公安消防机构；《火灾事故认定书》的内容通常会包括火灾事故基本情况、起火原因、证据名称等内容；《火灾事故认定书》最主要的作用是查清起火原因、对起火原因进行准确界定。

（二）当事人对《火灾事故认定书》的复核权及知情权

根据《火灾事故调查规定》第32、34、35条等规定：公安消防机构制作《火灾事故认定书》后，应当自完成之日起七日内送达当事人，并告知当事人申请复核的权利。《火灾事故认定书》的复核期限为火灾事故认定书送达之日起十五日内；复核机关为上一级公安机关消防机

构；申请复核方式是提出书面复核申请。同时，为了便于当事人了解《火灾事故认定书》的制作过程与依据，当事人还可以申请查阅、复制、摘录《火灾事故认定书》、现场勘验笔录和检验、鉴定意见。

需要说明的是，《火灾事故认定书》是对于起火原因的事实认定，并不对当事人的权利义务产生直接影响，因此《火灾事故认定书》是不可诉的具体行政行为。

（三）《火灾事故认定书》在火灾事故索赔案件中的作用

对于火灾事故索赔案件，通常都要从起火原因出发去确定责任主体与责任分配，因此，《火灾事故认定书》就成为了火灾事故索赔案件中的重要证据。其中，《保险法解释（二）》第18条明确规定，行政管理部门依据法律规定制作的火灾事故认定书等，人民法院应当依法审查并确认其相应的证明力，但有相反证据能够推翻的除外。也就是说，《火灾事故认定书》在火灾事故索赔案件中对于火灾原因这一事实认定具有很强的证明力。

但需要注意的是，《火灾事故认定书》只对起火原因进行事实认定，并不对火灾事故的责任主体进行认定。例如：某案件的《火灾事故认定书》中将起火原因表述为"某电源线发生短路起火，并引燃周边可燃物所致。"《火灾事故认定书》只是认定了引起火灾的原因是哪一根电源线发生了短路起火，并由此引燃可燃物。至于引发火灾的这根电源线的所有权人、堆放可燃物的所有权人等可能的火灾责任主体，并不在《火灾事故认定书》的认定范围之内。

也就是说，《火灾事故认定书》只认定起火原因，不认定火灾事故的责任主体及责任大小。

综上所述，在笔者明确《火灾事故认定书》的概念、制作方式、作用之后，在火灾事故索赔案件中，当事人应当积极配合消防机构进行火灾事故的调查工作，从而对火灾原因得出准确的结论。尽管《火灾事故认定书》不直接认定火灾事故责任的大小，但对起火原因的认定必然会影响对责任的判断。因此，如果当事人对《火灾事故认定书》的火灾原因认定、具体表述有异议，应当及时通过行使知情权、复核权进行救济，以免对后续的火灾事故索赔造成不利影响。

（四）火灾事故责任主体的确定与责任分配

确定火灾原因是确定火灾事故责任主体的前提，而造成火灾的既包括引发火灾的直接原因，也可能包括引发火灾的间接原因。引发火灾的相关责任主体应根据责任大小承担相应的责任。在判断火灾事故责任主体问题上，除了考虑引发火灾事故的责任主体之外，还可能需要考虑是否存在未能及时救火、对火灾扩大负有责任的主体。

以前述起火原因为"某电源线发生短路起火，并引燃周边可燃物"的案例为例，引发火灾的直接原因有两项：一是电源线短路，二是可燃物的堆放，这两个因素缺一不可。因此在判断火灾事故责任主体时，首先需要查清电源线的所有权人、可燃物的所有权人。

而对于引发火灾的间接原因，在实践中的认定非常困难。例如什么原因引起了电源线的短路，可能是很难认定的，因为引发电源线短路的原因可能很多，既可能是由超负荷用电导致，也可能是电源线老化，甚至还可能是其他原因。在这种情况下，可能要进一步考虑电源线的日常维护主体是否尽到了日常维护责任，进而作为引发火灾间接原因的一个考虑因素。如果起火房屋存在层层转租的情况，那么业主、承租人、次承租人、实际使用人是否尽到了日常管理的责任，相关的租金收益等因素可能都会被纳入界定责任大小的考虑因素。

至于是否存在未及时救火、是否有人对火灾扩大负有责任等情况，则需要结合案件的具体情况具体分析。例如某火灾事故索赔案件中，由于承租人拖欠租金，业主方采取了临时锁门的措施，在锁门期间发生火灾。这种情况下就需要综合考察锁门的原因及过错方、锁门前是否尽到了合理的注意义务（例如切断电闸），锁门后的管理义务等问题。

需要注意的是，实践中往往同时存在多个责任主体，受害人可能会基于偿付能力、关系亲疏等原因放弃要求其中一部分责任人承担赔偿责任的情况。参照《最高人民法院关于审理人身损害赔偿案件适用法律若干问题的解释》第2条规定，赔偿权利人起诉部分共同侵权人的，人民法院应当追加其他共同侵权人作为共同被告。赔偿权利人在诉讼中放弃对部分共同侵权人的诉讼请求的，其他共同侵权人对被放弃诉讼请求的被告应当承担的赔偿份额不承担连带责任。也就是说，如果受害人放弃要求部分共同侵权人承担责任，那么其他共同侵权人不再对受害人放弃赔偿的这部分承担责任。

（五）《公估报告》的概念及作用

在火灾事故索赔案件中，如受害人购买了财产保险（火灾险），则通常会涉及《公估报告》。《保险法》第129条第1款规定，保险活动当事人可以委托保险公估机构等依法设立的独立评估机构或者具有相关专业知识的人员，对保险进行评估和鉴定。银保监会《保险公估基本准则》第22条规定："涉及保险理赔的保险公估报告的正文应当包括下列内容……（五）保险公估活动依据的原则、手段、评估和计算方法；（六）现场查勘情况及事故原因调查；（七）损失核定……"《公估报告》是在保险理赔过程中，在受害人已就财产损失投保的情况下，由保险公司委托保险公估机构，由其对事故原因进行调查并核定损失数额所出具的书面报告。保险公估机构出具的《公估报告》是保险公司核定损失和进行理赔的依据。保险公司将直接依据《公估报告》确定是否进行保险理赔以及理赔金额。

在火灾事故索赔案件中，《公估报告》也可能成为火灾事故索赔案件中的重要证据。这是因为，大多数火灾案件中存在受损财产灭失、损毁的情况，且不同当事人对财产损失的具体数额存在较大分歧，而相比火灾事故索赔案件中的当事人、律师以及法官，保险公估机构被认为专业性更强，且处于独立第三方地位。在实务中，法院一般不会轻易否认《公估报告》的证明力。例如，《广东省高级人民法院关于民商事审判实践中有关疑难法律问题的解答意见》明确提出，公估公司是否偏袒保险公司，涉及公估公司的公信力的问题，然而，毕竟保险公估公司是专业的评估公司，而法官并不具备保险公估的专业知识，很难正确判断保险公估报告是否存在问题，同时，重新公估可能难以再现原来的现场，也难以保证后一家保险公估公司作出的公估报告就比前一家保险公估公司作出的公估报告公正。因此，在没有足够的证据证明保险公估报告存在瑕疵的情况下，应当采信保险公估报告，即原则上不能轻易否认保险公估报告的证明力、不允许重新评估。

（六）《公估报告》对火灾损失的证明作用

虽然保险公估机构具有专业独立地位，司法机关对公估报告证明力也有很高的认可度，但这不意味着《公估报告》就能够直接证明火灾损失的具体金额。《公估报告》的形成过程、目的决定了不能直接将《公估报告》作为认定火灾损失的唯一证据。

例如，在某货品仓库失火案件中，主要损失为库房使用者的仓储货物。在损失货物大部分已经灭失的情况下，保险公估机构采用估算仓库最大存货量（通过仓库面积推算）、被保险人最大进货量（通过商户近期流水推算），并与被保险人报损数额进行对比的方式，来确定被保险人报损金额是否真实。即如果被保险人报损的金额小于保险公估机构估算的最大存货量、最大进货量，则认为被保险人报损的损失金额属实。也就是说，保险公估机构采取的是估算的方式，并未通过核查被保险人的进货、销货、库存具体情况来准确核定货损的具体金额。由于采取了估算的方法，决定了《公估报告》所认定的火灾损失金额可能是不准确的，也无法排除被保险人恶意索赔、虚构损失的可能性。

从公估的目的来看，公估的目的并不是核实清楚火灾损失的准确金额。通常情况下，只要《公估报告》认定的损失金额大于理赔金额，保险公司就应足额理赔。至于损失金额的准确数据，并不影响保险公司的理赔。综上，从《公估报告》的形成过程、目的都可以看出，《公估报告》虽然对于认定火灾损失具有一定证明作用，但其证明力并不充分。

综上所述，一方面司法实践中往往认可《公估报告》对火灾损失认定的证明力，另一方面《公估报告》对于火灾损失认定的实践证明作用还是相对有限的。而一旦作出《公估报告》，则将很难予以推翻。因此，在火灾事故索赔案件中，相关责任方应当高度重视《公估报告》，甚至必要情况下直接参与《公估报告》的制作、形成过程，对于保险公估机构认定的火灾损失充分发表意见，以免出现《公估报告》无法准确反映火灾真实损失的情况。

（七）火灾事故索赔诉讼案件中火灾损失的确定

火灾事故索赔案件诉讼过程中，无论受害人是否投保、是否形成《公估报告》，在各方当事人对于火灾损失金额存在分歧的情况下，法院都会启动司法鉴定程序来确定火灾事故的具体损失金额。

由于火灾事故损失认定本身的复杂性、司法鉴定机构水平和能力参差不齐等因素，导致在火灾事故索赔诉讼案件中，对于司法鉴定确定火灾损失具体金额存在很大的不确定性。在我们处理的案件中，甚至出现了司法鉴定机构在未鉴定货损是否真实存在的情况下，直接假定受害人申报的货损真实存在，并据此进行价值评估的问题。也就是，在最核心的货损是否真实发生、货损金额大小等方面存在，巨大争议、需要鉴定的情况下，司法鉴定机构却恰恰回避了这一问题。而究其原因，无论是当事人还是法院、司法鉴定机构都对于如何确定火灾事故损失缺乏足够认识。

在大宗复杂火灾事故索赔案件中，为准确确定损失金额，司法鉴定应当两步走，即"审计＋资产评估"。审计的目的在于通过核查进货、存货、销货单据，银行流水，对账单等材料，确定火灾损失的具体内容、数量。资产评估则是在审计确定火灾损失范围基础上，对火灾损失进行价值评估。此类火灾事故索赔案件的司法鉴定机构也通常需要审计机构、资产评估机构同时参与司法鉴定。

（八）火灾事故索赔案件的几点务实建议

第一、对《火灾事故认定书》的法律定性有准确认识；高度重视《火灾事故认定书》制作和形成过程，有必要时单方委托火调专家辅助查明火灾事故原因；通过行使知情权、复核权对《火灾事故认定书》及时进行救济，如果对火灾原因甚至具体表述有异议，应及时要求纠正，以免对日后的火灾事故索赔造成不利影响。

第二、高度重视《公估报告》形成过程；尽可能提前介入、全程参与保险公估过程必要时；甚至可以考虑单方委托专业公估机构、公估人员同时介入，以避免出现《公估报告》对火灾事故索赔造成不利影响的情况。

第三、全面收集、锁定与火灾损失认定的材料，包括火灾现场影像资料、火灾损失财产的相关财务单据、入库单据、财务账簿等。

第四、积极参与火灾事故索赔案件的司法鉴定程序，对于鉴定机构选择、鉴定方法确定、鉴定资料甄别等关键环节明确态度和意见。尤其是注重先定量再定价、先审计后评估的方法。

第五、根据火灾原因不同，分主次、分角度查清可能涉及的火灾责任主体，并逐步厘清不同主体的责任大小及责任比例。

三、火灾直接财产损失司法鉴定发展趋势

火灾直接财产损失司法鉴定关乎消防部门对火灾损失统计的准确性以及火灾当事人各方的切实利益。如何给出科学、公正、准确的鉴定意见是火灾直接财产损失司法鉴定所面临的一大难题。

（一）火灾直接财产损失司法鉴定走向标准化

随着人民群众法制观念的不断提升，火灾直接财产损失司法鉴定的需求也日渐升高。因此，尽快将火灾直接财产损失司法鉴定纳入统一的管理之中是火灾直接财产损失司法鉴定逐步走向标准化、规范化、职业化的基础。一是在全国范围内制定统一的火灾直接财产损失司法鉴定技术规范，统一鉴定技术标准，指导鉴定活动，从根本上减少目前火灾直接财产损失司法鉴定活动过渡依赖鉴定人的主观判断的情况，提高鉴定意见的科学性。二是要统一火灾财产损失司法鉴定收费标准，细化收费范围，规范鉴定机构收费行为，在实现高质量鉴定的同时做到收费合理。

（二）鉴定职业化

建立全国统一火灾直接财产损失司法鉴定人的准入制度，提高准入门槛，推进火灾直接财产损失司法鉴定的职业化进程。引入鉴定人培训考核制度，在对鉴定人专业能力考核的同时联合消防部门和司法部门统一对鉴定人进行消防和司法知识的相关培训，从而全面提高鉴定人的职业素养。

2018 年，随着公安消防部队正式移交应急管理部，标志着我国消防救援力量开始走向职业化的发展道路。今后的火灾直接财产损失司法鉴定行业也必将向着专业化、职业化的方向发展，才能更好地配合消防部门做好火灾损失统计的工作。总之，火灾直接财产损失司法鉴定行业仍处于一个刚刚起步不断摸索的阶段。不断完善火灾直接财产损失司法鉴定体制不仅能够在进行鉴定活动时规范鉴定机构和鉴定人的行为，同时也提高了鉴定结论的科学性、准确性和公正性。第三方鉴定机构具备中立性和专业性，其出具的鉴定结论往往更容易被当事人认可。因

此，为了充分发挥火灾直接财产损失司法鉴定的社会作用，除了公安消防部门需要不断完善相关法律法规之外，司法鉴定机构与鉴定人也应加强自身建设，全面提升鉴定质量，进而推动我国的火灾司法鉴定事业朝着科学、规范的道路上不断前进。

参考文献

[1] 公安部消防局.中国消防年鉴（2016）[M].昆明：云南人民出版社，2016.

[2] 罗永强，杨国宏.石油化工事故灭火救援技术 [M].北京：化学工业出版社，2017.

[3] 康青春，姜自清.灭火救援行动安全 [M].北京：化学工业出版社，2015.

[4] 王慧英.论完善火灾事故调查处理法规体系的若干设想 [J].决策探索（中）.2020（9）：71—73.

[5] 海娃.行政调查的可诉性研究——以火灾事故调查为例 [J].司法改革论评，2016（2）.

[6] 刘晅亚，秘义行，田亮.石油化工园区消防安全规划现状及应对策略研究 [J].消防科学与技术，2010（5）：383—387.

[7] 李慎海，江孝君，王兆博.辽源市城市消防规划探讨 [J].消防科学与技术，2016（10）：1485—1487.

[8] 于学春，毛文锋，于广宇.应急响应过程事故模拟可视化的实现 [J].安全、健康和环境，2015（7）：12—15.

[9] 郑雄，袁宏求，邵荃.城市火灾案例库辅助决策方法的研究 [J].消防科学与技术，2009（4）：216—219.

[10] 陈伟红，李艺博，张毅，潘嘉.含油锯末着火及燃烧特性实验研究 [J].消防科学与技术，2009（10）：715—718.

[11] 林松.阴燃火灾的调查 [J].消防科学与技术，2006（4）：560—562.

[12] 蔡香萍，高云博，王颖.易燃液体仓库安全监控系统研究 [J].工业安全与环保，2010（1）：33—34.

[13] 王林，靳红雨，吕东.基于 MATLAB 图像处理技术提取火焰高度 [J].消防科学与技术，2017（3）：366—369.

[14] 魏华.论事故调查报告的可诉性 [J].安阳师范学院学报，2017（1）：45—49.

[15] 于喜良.事故调查报告批复的可诉性问题探讨 [J].劳动保护，2020（12）：49—52.

[16] 包冬冬.最高法：事故调查报告批复可诉性的判断依据 [J].劳动保护，2021（1）：31—33.

[17] 薛金涛.高层建筑火灾隐患及预防扑救措施 [J].现代商贸工业，2020（33）：159—160.

[18] 李论.高层建筑火灾因素与防火安全对策 [J].今日消防，2020（10）：42—43.

[19] 刘琪.基层火灾事故调查工作现状与策略 [J].消防界（电子版），2019（8）：35—36.

[20] 夏采绕.火灾事故调查工作的现状分析及对策 [J].消防界（电子版），2018（6）：93—94.

[21] 生德华.基层公安机关消防机构火灾事故调查工作的现状分析及对策 [J].中国科技期

刊数据库科研，2016（7）：181.

[22] 高建军.浅谈当前火灾事故调查工作存在的问题及对策[J].科技资讯，2015（19）：245—246.

[23] 钱国晖.浅析火灾痕迹在火灾事故调查中的应用[J].消防界（电子版），2019（12）：35，41.

[24] 赵久长.浅谈石油库内油罐火灾灭火措施[J].消防技术与产品信息，2004（12）：68—69.

[25] 屈梦雄.大型原油储罐区消防设计及要点探讨[J].化工管理，2017（25）：82—84.

[26] 袁凯，李宁.浅谈石油化工火灾扑救中的安全管理对策[J].广东化工，2019（14）：98—99+106.

[27] 陈龙玉.一起较大亡人火灾事故调查复核的思考[J].消防科学与技术，2018（2）：287—290.

[28] 陈雪刚.火灾现场勘查中环境勘查的方法和策略研究[J].消防技术与产品信息，2005（1）：49—50.

[29] 王宁.基于火灾现场保护和火灾事故调查有关思考[J].今日消防，2020（4）：93—94.

[30] 尚琪霞.一起居民住宅电动车火灾事故的调查与分析[J].武警学院学报，2020，36（4）：51—55.

[31] 冯骁.一起群租房电动车火灾事故的调查与分析[J].武警学院学报，2018（8）：93—96.

[32] 夏承霖.火灾调查中物证损坏原因防范措施[J].科技风，2019（14）：29—30.

[33] 戈涛.基于火灾调查中物证损坏原因和防范措施的研究[J].农村科学实验，2019（6）：79—81.

[34] 冯志忠，董高吉.建筑电气火灾的特点与灭火扑救措施的分析[J].电子世界，2017（10）：83—84.

[35] 陈腊生，谭连初，王建东.浅析天然气长输管道工程危险有害因素分析及安全对策措施[J].广东化工，2019（11）：130—132.

[36] 陈才斌.浅谈居民住宅火灾原因特点及防范措施[J].消防界（电子版），2017（3）：83.

[37] 谢丽婉.聚乙烯燃气管道 DS-AHP-GRA 安全评价程序及应用[J].压力容器，2018（9）：43—49.

[38] 石秀山，何仁洋，任峰等.埋地聚乙烯管道安全检验关键技术及工程应用[J].管道技术与设备，2011，（1）：23—25.

[39] 谢丽婉，陈仲波.基于风险分析的聚乙烯（PE）燃气管道检验与评价技术[J].质量技术监督研究，2012（4）：28—32.

[40] 吴林军，谢丽婉.城市钢质/聚乙烯（PE）埋地燃气管道模糊综合评价软件[J].质量技术监督研究，2013（1）：45—49.

[41] 赵亚伟.生产安全事故调查处理的法律问题研究[D].浙江工商大学，2020：15—23.

[42] 中华人民共和国国家标准 GB50028—2006，城镇燃气设计规范 [S]. 北京：中华人民共和国建设部，中华人民共和国国家质量监督检验检疫总局，2020.

[43] 中华人民共和国行业标准 TSGD7006—2020，压力管道监督检验规则 [S]. 北京：国家市场监督管理总局，2020.

[44] 中华人民共和国行业标准 TSG D7003—2010，压力管道定期检验规则 – 长输（油气）管道 [S]. 北京：中华人民共和国国家质量监督检验检疫总局，2010.

[45] 福建省市场监督管理局《关于深化未经安装监督检验办理使用登记压力管道整治工作的通知》[R].2019.